"十四五"职业教育国家规划教材

北大青鸟文教集团研究院 出品

新技术技能人才培养系列教程

云计算工程师系列

Docker
容器技术与高可用实战

肖睿 刘震／主编
王浩 饶志凌 刘睿 袁琴／副主编

人民邮电出版社
北京

图书在版编目（CIP）数据

Docker容器技术与高可用实战 / 肖睿，刘震主编
. —— 北京：人民邮电出版社，2019.4（2024.6重印）
新技术技能人才培养系列教程
ISBN 978-7-115-50673-3

Ⅰ. ①D… Ⅱ. ①肖… ②刘… Ⅲ. ①Linux操作系统
—程序设计—教材 Ⅳ. ①TP316.85

中国版本图书馆CIP数据核字(2019)第019545号

内 容 提 要

本书全面介绍了 Docker 及 Docker 组合 Kubernetes、TiDB 等高级服务的部署、管理和高可用相关知识。全书共 13 章，包括 Docker 基本管理、Docker 镜像管理、Docker 高级管理、Docker 私有仓库部署和管理、Docker 安全管理、Docker 日志管理、Kubernetes-Docker 集群、Docker Swarm 基础、Docker Swarm 集群管理、Docker 构建和 Web 应用部署、Docker 生产环境容器化、安装部署 TiDB 及 OpenStack+Ceph+Docker 微服务平台实战等。每章最后都安排了作业，用于巩固对理论知识的理解。

通过学习本书，读者可以在生产环境中部署容器并应用，具备管理、维护、扩展容器服务的能力，提升在企业真实环境中应对不同情况操作容器的水平。

本书可以作为各类院校云计算相关专业课程的教材，也可以作为云计算容器技术培训班的教材，并适合项目经理、运维工程师和广大云计算技术爱好者自学使用。

◆ 主　　编　肖睿　刘震
　　副主编　王浩　饶志凌　刘睿　袁琴
　　责任编辑　祝智敏
　　责任印制　马振武

◆ 人民邮电出版社出版发行　北京市丰台区成寿寺路 11 号
　　邮编 100164　电子邮件 315@ptpress.com.cn
　　网址 http://www.ptpress.com.cn
　　三河市中晟雅豪印务有限公司印刷

◆ 开本：787×1092　1/16
　　印张：14.25　　　　　　　　　　2019 年 4 月第 1 版
　　字数：302 千字　　　　　　　　2024 年 6 月河北第 12 次印刷

定价：45.00 元

读者服务热线：(010)81055256　印装质量热线：(010)81055316
反盗版热线：(010)81055315
广告经营许可证：京东市监广登字 20170147 号

云计算工程师系列
编 委 会

主　　任：肖　睿
副 主 任：潘贞玉　　傅　峥
委　　员：张惠军　　李　娜　　杨　欢　　庞国广
　　　　　陈观伟　　孙　苹　　刘晶晶　　曹紫涵
　　　　　王俊鑫　　俞　俊　　杨　冰　　李　红
　　　　　曾谆谆　　周士昆　　刘　铭

前　言

随着信息技术的发展，云计算已广泛进入大众视野。云计算可以为企业进行资源整合并降低生产成本，同时其极具扩展性的设计以及灵活的部署方式，已经成为万千企业关注和实施的目标。但是云计算并不是一个技术指标，而是由各式各样的技术、服务、平台组成的一种网络运营模式。在众多的云计算相关技术中，Docker 容器技术得到越来越多企业的认可，历经多个版本的更新，其功能越来越完善，已经成为实施云计算的主流技术之一。

Docker 是开源的应用容器引擎，采用 C/S 架构，客户端和服务端既可以运行在一个机器上，也可以通过 Socket 或者 RESTful API 进行通信。对于还不完全了解 Docker 容器的用户来说，经常会把虚拟机和容器混为一谈，虽然它们都属于虚拟化技术，但是本质上有很大的区别。在企业的实际应用中也不一样，学习本书之后读者将有全新的理解。Docker 容器技术已在云计算市场中成为主流技术了，那么，是什么让 Docker 容器技术变得如此受欢迎呢？对于刚入门的新手来说，容器技术可提高不同云计算应用程序之间的可移植性，它提供了一个把应用程序拆分为分布式组件的方法。此外，用户还可以管理和扩展这些容器，使其成为集群。

在云计算技术火遍全球的时代，掌握 Docker 容器技术迫在眉睫。本书旨在帮助读者快速掌握容器技术。全书大部分章节由案例组成，读者在实践中就可以掌握知识与技能。其中，第 1~6 章介绍 Docker 容器部署和管理的相关知识，第 7~9 章介绍 Docker 容器集群的相关知识，第 10~13 章介绍 Docker 容器高级应用的相关知识。

互联网上虽然有存放 Docker 镜像的公有仓库，但对于某些业务系统而言，私有仓库的部署和管理对业务运行及网络安全十分重要。网络安全不仅仅是网络自身的安全，更是国家安全、社会安全等更广泛意义上的安全。学习 Docker 容器技术的同时，提升读者在实际工作中网络安全的意识和能力，坚决维护国家安全和社会稳定。

二十大报告中指出"推进国家安全体系和能力现代化，坚决维护国家安全和社会稳定"，本书的编写始终以"国家安全是民族复兴的根基，社会稳定是国家强盛的前提。必须坚定不移贯彻总体国家安全观，把维护国家安全贯穿党和国家工作各方面全过程，确保国家安全和社会稳定"的思想为指导，以促进行业发展为目标，完成内容的编写与案例的组织。本书具有以下特点。

1. 内容以满足企业需求为目的

内容研发团队通过对数百位一线技术专家进行访谈，对上千家企业人力资源情况进行调研，对上万个企业招聘岗位进行需求分析，实现了对技术的准确定位，从而使内容与企业需求高度契合。

2．案例选自企业真实项目

书中的技能点均由案例驱动，每个案例都来自企业的真实项目，不仅可以让读者结合应用场景进行学习，还可以帮助读者迅速积累真实的项目经验。

3．理论与实践紧密结合

章节中包含前置知识点和详细的操作步骤，通过这种理论结合实践的设计，可以让读者知其然也知其所以然，融会贯通、举一反三。

4．以"互联网+"实现终身学习

本书可配合课工场 APP 进行使用，读者使用 APP 扫描二维码可观看配套视频的理论讲解和案例操作，同时可在"课工场在线"下载案例代码及案例素材。此外，课工场还为读者提供了体系化的学习路径、丰富的在线学习资源和活跃的学习社区，方便读者随时学习。

本书由课工场云计算教研团队组织编写，参与编写的还有刘震、王浩、饶志凌、刘睿、袁琴等院校老师。尽管编者在写作过程中力求准确、完善，但书中不妥之处仍在所难免，殷切希望广大读者批评指正。同时，欢迎读者将错误反馈给编者，以便尽快更正，编者将不胜感激。为解决本书存在的疑难问题，读者可以访问"课工场在线"，也可以发送邮件到 ke@kgc.cn，客服专员将竭诚为您服务。

感谢您阅读本书，希望本书能成为您学习云计算的好伙伴！

智慧教材使用方法

扫一扫查看视频介绍

　　由课工场"大数据、云计算、全栈开发、互联网 UI 设计、互联网营销"等教研团队编写的系列教材,配合课工场 App 及在线平台的技术内容更新快、教学内容丰富、教学服务反馈及时等特点,结合二维码、在线社区、教材平台等多种信息化资源获取方式,形成独特的"互联网+"形态——智慧教材。

　　智慧教材为读者提供专业的学习路径规划和引导,读者还可体验在线视频学习指导,按如下步骤操作可以获取案例代码、作业素材及答案、项目源码、技术文档等教材配套资源。

1. 下载并安装课工场 App。

（1）方式一：访问网址 www.ekgc.cn/app,根据手机系统选择对应课工场 App 安装,如图 1 所示。

图1　课工场App

（2）方式二：在手机应用商店中搜索"课工场",下载并安装对应 App,如图 2、

图 3 所示。

图2 iPhone版手机应用下载

图3 Android版手机应用下载

2. 登录课工场 App，注册个人账号，使用课工场 App 扫描书中二维码，获取教材配套资源，依照如图 4 至图 6 所示的步骤操作即可。

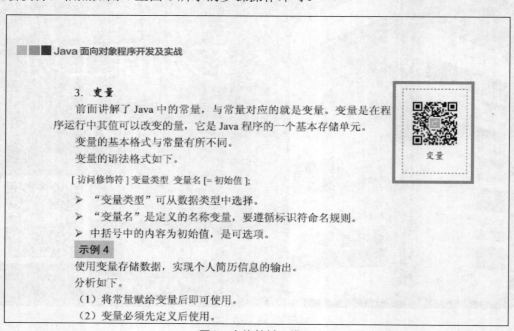
图4 定位教材二维码

图5 使用课工场App"扫一扫"扫描二维码

图6 使用课工场App免费观看教材配套视频

3．获取专属的定制化扩展资源。

（1）普通读者请访问 http://www.ekgc.cn/bbs 的"教材专区"版块，获取教材所需开发工具、教材中示例素材及代码、上机练习素材及源码、作业素材及参考答案、项目素材及参考答案等资源（注：图 7 所示网站会根据需求有所改版，仅供参考）。

图7 从社区获取教材资源

（2）高校老师请添加高校服务 QQ：1934786863（如图 8 所示），获取教材所需开发工具、教材中示例素材及代码、上机练习素材及源码、作业素材及参考答案、项目素材及参考答案、教材配套及扩展 PPT、PPT 配套素材及代码、教材配套线上视频等资源。

图8 高校服务QQ

目 录

第1章 Docker基本管理 ... 1
1.1 Docker概述 ... 2
1.2 安装Docker ... 4
1.3 Docker镜像操作 ... 7
1.3.1 搜索镜像 ... 7
1.3.2 获取镜像 ... 8
1.3.3 查看镜像信息 ... 9
1.3.4 删除镜像 ... 13
1.3.5 存出镜像和载入镜像 ... 14
1.3.6 上传镜像 ... 14
1.4 Docker容器操作 ... 15
1.5 Docker的数据管理 ... 19
本章小结 ... 21
本章作业 ... 22

第2章 Docker镜像管理 ... 23
2.1 案例分析 ... 24
2.1.1 案例概述 ... 24
2.1.2 案例前置知识点 ... 24
2.1.3 案例环境 ... 25
2.2 案例实施 ... 26
2.2.1 基于现有镜像创建 ... 26
2.2.2 基于本地模板创建 ... 26
2.2.3 基于Dockerfile创建 ... 27
本章小结 ... 35
本章作业 ... 36

第3章 Docker高级管理 ... 37
3.1 案例分析 ... 38

3.1.1　案例概述 ·· 38
　　　3.1.2　案例前置知识点 ·· 38
　　　3.1.3　案例环境 ·· 39
　3.2　案例实施 ··· 39
　　　3.2.1　Docker网络通信 ··· 39
　　　3.2.2　Docker Compose容器编排 ·· 41
　　　3.2.3　Compose命令说明及LNMP环境部署 ······························· 44
　　　3.2.4　基于Nginx和Consul构建自动发现的Docker服务架构 ····· 46
　　　3.2.5　容器服务自动加入Nginx集群 ·· 47
　本章小结 ·· 52
　本章作业 ·· 52

第4章　Docker私有仓库部署和管理 ·· 53

　4.1　案例分析 ··· 54
　　　4.1.1　案例概述 ·· 54
　　　4.1.2　案例前置知识点 ·· 54
　　　4.1.3　案例环境 ·· 56
　4.2　案例实施 ··· 56
　　　4.2.1　部署Harbor所依赖的Docker-Compose服务 ······················ 56
　　　4.2.2　部署Harbor服务 ··· 57
　　　4.2.3　Harbor日常操作管理 ·· 61
　　　4.2.4　维护管理Harbor ·· 63
　本章小结 ·· 64
　本章作业 ·· 64

第5章　Docker安全管理 ·· 65

　5.1　Docker安全相关介绍 ··· 66
　　　5.1.1　Docker容器与虚拟机的区别 ··· 66
　　　5.1.2　Docker存在的安全问题 ··· 67
　　　5.1.3　Docker架构的缺陷与安全机制 ·· 67
　　　5.1.4　Docker安全基线标准 ·· 68
　5.2　容器相关的安全事件及配置方法 ··· 69
　5.3　Cgroup资源配置方法 ··· 72
　　　5.3.1　使用stress工具测试CPU和内存 ······································· 72
　　　5.3.2　CPU周期限制 ··· 74

5.3.3　CPU Core控制 ··· 74
　　　5.3.4　CPU配额控制参数的混合使用 ··· 75
　　　5.3.5　内存限额 ··· 76
　　　5.3.6　Block IO的限制 ·· 77
　　　5.3.7　bps和iops的限制 ··· 77
　本章小结 ··· 78
　本章作业 ··· 78

第6章　Docker日志管理　79

　6.1　案例分析 ·· 80
　　　6.1.1　案例概述 ··· 80
　　　6.1.2　案例前置知识点 ··· 80
　　　6.1.3　案例环境 ··· 81
　6.2　案例实施 ·· 82
　　　6.2.1　系统环境准备 ·· 82
　　　6.2.2　基于Dockerfile构建Elasticsearch镜像 ······································ 83
　　　6.2.3　基于Dockerfile构建Kibana镜像 ··· 83
　　　6.2.4　基于Dockerfile构建Logstash镜像 ··· 84
　　　6.2.5　基于Dockerfile构建Filebeat镜像 ·· 88
　　　6.2.6　启动Nginx容器作为日志输入源 ··· 89
　　　6.2.7　启动Filebeat+ELK日志收集环境 ·· 89
　　　6.2.8　Kibana Web管理 ·· 90
　　　6.2.9　Kibana图示分析 ··· 91
　本章小结 ··· 92
　本章作业 ··· 92

第7章　Kubernetes-Docker集群　93

　7.1　案例分析 ·· 94
　　　7.1.1　案例概述 ··· 94
　　　7.1.2　案例前置知识点 ··· 94
　　　7.1.3　案例环境 ··· 99
　7.2　案例实施 ·· 100
　　　7.2.1　准备系统环境 ·· 100
　　　7.2.2　生成通信加密证书 ·· 101
　　　7.2.3　部署Etcd集群 ··· 106

  7.2.4 部署Flannel网络 …… 109
  7.2.5 部署Kubernetes-master组件 …… 112
  7.2.6 部署Kubernetes-node组件 …… 114
  7.2.7 查看自动签发证书 …… 115
本章小结 …… 116
本章作业 …… 116

第8章　Docker Swarm基础 …… 117

8.1　案例分析 …… 118
  8.1.1 案例概述 …… 118
  8.1.2 案例前置知识点 …… 118
  8.1.3 案例环境 …… 121
8.2　案例实施 …… 122
  8.2.1 配置Docker Swarm部署环境 …… 122
  8.2.2 部署Docker Swarm集群 …… 124
本章小结 …… 130
本章作业 …… 130

第9章　Docker Swarm集群管理 …… 131

9.1　案例分析 …… 132
  9.1.1 案例概述 …… 132
  9.1.2 案例前置知识点 …… 132
  9.1.3 案例环境 …… 133
9.2　案例实施 …… 134
  9.2.1 Docker Swarm节点管理 …… 134
  9.2.2 Docker Swarm服务管理 …… 137
本章小结 …… 145
本章作业 …… 145

第10章　Docker构建和Web应用部署 …… 147

10.1　案例分析 …… 148
  10.1.1 案例概述 …… 148
  10.1.2 案例前置知识点 …… 148
  10.1.3 案例环境 …… 149
10.2　案例实施 …… 150

  10.2.1 部署Jenkins ·················· 150
  10.2.2 部署Subversion与Docker Swarm集群 ·················· 153
  10.2.3 安装Jenkins插件 ·················· 154
  10.2.4 Jenkins配置SSH Site ·················· 155
  10.2.5 配置Publish Over SSH ·················· 157
  10.2.6 构建一个新工程项目 ·················· 158
  10.2.7 验证Jenkins持续集成和持续交付 ·················· 161
本章小结 ·················· 162
本章作业 ·················· 162

第11章 Docker生产环境容器化 163

11.1 案例分析 ·················· 164
  11.1.1 案例概述 ·················· 164
  11.1.2 案例前置知识点 ·················· 164
  11.1.3 案例环境 ·················· 164
11.2 案例实施 ·················· 166
  11.2.1 修改Docker存储目录 ·················· 166
  11.2.2 部署Portainer容器图形化管理工具 ·················· 167
本章小结 ·················· 177
本章作业 ·················· 178

第12章 案例：安装部署TiDB 179

12.1 案例分析 ·················· 180
  12.1.1 案例概述 ·················· 180
  12.1.2 案例前置知识点 ·················· 180
  12.1.3 案例环境 ·················· 182
12.2 案例实施 ·················· 183
  12.2.1 Ansible部署案例环境 ·················· 183
  12.2.2 分配机器资源 ·················· 185
  12.2.3 实施部署 ·················· 186
  12.2.4 测试集群 ·················· 187
  12.2.5 TiKV性能参数调优 ·················· 188
本章小结 ·················· 192
本章作业 ·················· 192

第13章　OpenStack+Ceph+Docker微服务平台实战 193

13.1 案例分析 194
13.1.1 案例概述 194
13.1.2 案例前置知识点 194
13.1.3 案例环境 196
13.2 案例实施 197
13.2.1 部署OpenStack 197
13.2.2 部署Ceph 205
13.2.3 OpenStack环境中部署Docker 208
本章小结 212
本章作业 212

第 1 章

Docker 基本管理

技能目标

- 理解 Docker 核心概念
- 掌握 Docker 镜像操作
- 掌握 Docker 容器操作
- 掌握 Docker 数据卷管理

价值目标

云计算是继互联网、计算机后在信息时代又一种新的革新,也是信息时代的一个大飞跃,未来的时代可能是云计算的时代。它使用户通过网络就可以获取到无限的资源,同时获取的资源不受时间和空间的限制,通过加强学生对 Docker 相关技术理论的深入学习,锻炼学生对理论知识的学习和分析能力,培养学生敢于探索的求知精神。

Docker 容器技术与高可用实战

随着计算机近几十年的蓬勃发展，诞生了大量优秀的系统和软件。软件开发人员可以自由地选择各种应用软件，带来的问题就是需要维护一个非常庞大的开发、测试和生产环境。面对这种情况，Docker 容器技术横空出世，它提供了简单、灵活、高效的解决方案，人们不需要过多地改变现有的使用习惯，就可以和已有的工具（如 OpenStack 等）配合使用。因此，掌握 Docker 相关技术也是学习云计算的必经之路。

本章将依次介绍 Docker 的三大核心概念——镜像、容器、仓库，安装 Docker 的相关操作，以及围绕镜像和容器的具体操作。

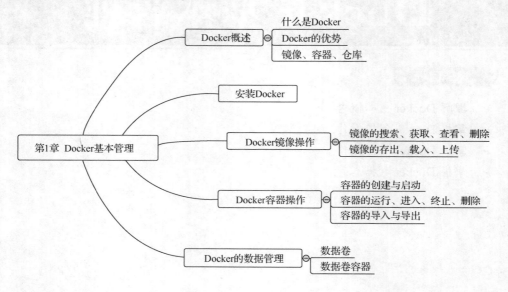

1.1 Docker 概述

Docker（其 Logo 见图 1.1）以其轻便、快速的特性，可以使应用快速迭代。在 Docker 中，每次小的变更，马上就能看到效果，而不用将若干个小变更积攒到一定程度再变更。每次变更一小部分其实是一种非常安全的方式，在开发环境中能够快速提高工作效率。

图 1.1 Docker 产品的 Logo

Docker 容器能够帮助开发人员、系统管理员、质量管理和版本控制工程师在一个生产环节中协同工作。制订一套容器标准能够使系统管理员在更改容器的时候，不需要程序员关心容器的变化，只需他专注于自己的应用程序代码即可。这样做的好处是隔离了开发和管理，简化了开发和部署的成本。

1. 什么是 Docker

如果要方便地创建运行在云平台上的应用，必须脱离底层的硬件，同时需要在任何时间、地点都可获取这些资源，而这正是 Docker 所能提供的。Docker 的容器技术可以在一台主机上轻松地为任何应用创建一个轻量级的、可移植的、自给自足的容器。通过这种容器打包应用程序，简化了重新部署、调试等琐碎的重复工作，极大地提高了工作效率。

什么是 Docker

请扫描二维码观看视频讲解。

2. Docker 的优势

Docker 容器运行速度很快，可以在秒级实现启动和停止，比传统虚拟机要快很多。Docker 解决的核心问题是利用容器来实现类似虚拟机的功能，从而利用更少的硬件资源给用户提供更多的计算资源。Docker 容器除了运行其中的应用之外，基本不消耗额外的系统资源，在保证应用性能的同时，减小了系统开销，这使得一台主机上同时运行数千个 Docker 容器成为可能。Docker 操作方便，通过 Dockerfile 配置文件可以进行灵活的自动化创建和部署。表 1-1 将 Docker 容器技术与传统虚拟机的特性进行了比较。

表 1-1　Docker 容器技术与传统虚拟机的比较

特性	Docker 容器	虚拟机
启动速度	秒级	分钟级
计算能力损耗	几乎没有	损耗 50% 左右
性能	接近原生	弱于原生
系统支持量（单机）	上千个	几十个
隔离性	资源限制	完全隔离

Docker 之所以拥有众多优势，与操作系统虚拟化自身的特点分不开。传统虚拟机需要有额外的虚拟机管理程序和虚拟机操作系统层，而 Docker 容器是直接在操作系统层面之上实现的虚拟化。图 1.2 是 Docker 与传统虚拟机架构的对比。

图1.2　Docker与传统虚拟机架构的对比

3．镜像

镜像、容器、仓库是 Docker 的三大核心概念。其中，Docker 的镜像是创建容器的基础，类似虚拟机的快照，可以理解为一个面向 Docker 容器引擎的只读模板。例如，一个镜像可以是一个完整的 CentOS 操作系统环境，称为一个 CentOS 镜像；也可以是一个安装了 MySQL 的应用程序，称为一个 MySQL 镜像，等等。

Docker 提供了简单的机制来创建和更新现有的镜像，用户也可以从网上下载已经创建好的镜像直接使用。

4．容器

Docker 的容器是从镜像创建的运行实例，它可以被启动、停止和删除。每一个容器都是相互隔离、互不可见的，以保证平台的安全性。可以将容器看作是一个简易版的 Linux 环境，Docker 利用容器来运行和隔离应用。

5．仓库

Docker 仓库是用来集中保存镜像的地方。当开发人员创建了自己的镜像之后，可以使用 push 命令将它上传到公有（Public）仓库或者私有（Private）仓库。下次要在另外一台机器上使用这个镜像时，只需从仓库获取即可。

仓库注册服务器（Registry）是存放仓库的地方，其中包含多个仓库。每个仓库集中存放一类镜像，并且使用不同的标签（tag）加以区分。目前最大的公共仓库是 docker Hub，它存放了数量庞大的镜像供用户下载使用。

1.2 安装 Docker

各主流操作系统平台都支持 Docker 的使用，包括 Windows 操作系统、Linux 操作系统以及 MacOS 操作系统等。目前最新的 RHEL、CentOS 以及 Ubuntu 操作系统官方软件源中都已经默认自带了 Docker 包，可以直接安装使用，也可以用 Docker 自己的 YUM 源进行配置。

在 CentOS 操作系统下安装 Docker 有两种方式：一种是使用 curl 获得 Docker 的安装脚本进行安装，另一种是使用 YUM 仓库进行安装。

注意

目前 Docker 只支持 64 位操作系统。

1．安装最新版本 Docker 依赖环境

[root@localhost ~]#yum install -y yum-utils device-mapper-persistent-data lvm2

[root@localhost ~]#yum-config-manager --add-repo https://download.docker.com/linux/centos/Docker-ce.repo

[root@localhost ~]# more /etc/yum.repos.d/Docker-ce.repo

[Docker-ce-stable]
name=docker CE Stable - $basearch
baseurl=https://download.Docker.com/linux/centos/7/$basearch/stable
enabled=1
gpgcheck=1
gpgkey=https://download.Docker.com/linux/centos/gpg

[Docker-ce-stable-debuginfo]
name=docker CE Stable - Debuginfo $basearch
baseurl=https://download.Docker.com/linux/centos/7/debug-$basearch/stable
enabled=0
gpgcheck=1
gpgkey=https://download.Docker.com/linux/centos/gpg

[Docker-ce-stable-source]
name=docker CE Stable - Sources
baseurl=https://download.Docker.com/linux/centos/7/source/stable
enabled=0
gpgcheck=1
gpgkey=https://download.Docker.com/linux/centos/gpg

[Docker-ce-edge]
name=docker CE Edge - $basearch
baseurl=https://download.Docker.com/linux/centos/7/$basearch/edge
enabled=0
gpgcheck=1
gpgkey=https://download.Docker.com/linux/centos/gpg

[Docker-ce-edge-debuginfo]
name=docker CE Edge - Debuginfo $basearch
baseurl=https://download.Docker.com/linux/centos/7/debug-$basearch/edge
enabled=0
gpgcheck=1
gpgkey=https://download.Docker.com/linux/centos/gpg

[Docker-ce-edge-source]
name=docker CE Edge - Sources
baseurl=https://download.Docker.com/linux/centos/7/source/edge
enabled=0
gpgcheck=1
gpgkey=https://download.Docker.com/linux/centos/gpg

[Docker-ce-test]
name=docker CE Test - $basearch

baseurl=https://download.Docker.com/linux/centos/7/$basearch/test
enabled=0
gpgcheck=1
gpgkey=https://download.Docker.com/linux/centos/gpg

[Docker-ce-test-debuginfo]
name=docker CE Test - Debuginfo $basearch
baseurl=https://download.Docker.com/linux/centos/7/debug-$basearch/test
enabled=0
gpgcheck=1
gpgkey=https://download.Docker.com/linux/centos/gpg

[Docker-ce-test-source]
name=docker CE Test - Sources
baseurl=https://download.Docker.com/linux/centos/7/source/test
enabled=0
gpgcheck=1
gpgkey=https://download.Docker.com/linux/centos/gpg

[Docker-ce-nightly]
name=docker CE Nightly - $basearch
baseurl=https://download.Docker.com/linux/centos/7/$basearch/nightly
enabled=0
gpgcheck=1
gpgkey=https://download.Docker.com/linux/centos/gpg

[Docker-ce-nightly-debuginfo]
name=docker CE Nightly - Debuginfo $basearch
baseurl=https://download.Docker.com/linux/centos/7/debug-$basearch/nightly
enabled=0
gpgcheck=1
gpgkey=https://download.Docker.com/linux/centos/gpg

[Docker-ce-nightly-source]
name=docker CE Nightly - Sources
baseurl=https://download.Docker.com/linux/centos/7/source/nightly
enabled=0
gpgcheck=1
gpgkey=https://download.docker.com/linux/centos/gpg

2. 安装 Docker 并设置为开机自动启动

[root@localhost ~]# yum install docker-ce
[root@localhost ~]# systemctl start docker
[root@localhost ~]# systemctl enable docker

安装好的 Docker 系统有两个程序：Docker 服务端和 Docker 客户端。其中，Docker 服务端是一个服务进程，负责管理所有容器。Docker 客户端则充当 Docker 服务端的远程控制器，用来控制 Docker 的服务端进程。大部分情况下，Docker 服务端和客户端运行在一台机器上。

3．通过检查 Docker 版本查看 Docker 服务

```
[root@localhost ~]# docker version
Client:
 Version:      18.03.0-ce
 API version:  1.37
 Go version:   go1.9.4
 Git commit:   0520e24
 Built:        Wed Mar 21 23:09:15 2018
 OS/Arch:      linux/amd64
 Experimental: false
 Orchestrator: swarm

Server:
 Engine:
  Version:      18.03.0-ce
  API version:  1.37 (minimum version 1.12)
  Go version:   go1.9.4
  Git commit:   0520e24
  Built:        Wed Mar 21 23:13:03 2018
  OS/Arch:      linux/amd64
  Experimental: false
```

1.3 Docker 镜像操作

运行 Docker 容器前需要在本地存在对应的镜像。如果不存在本地镜像，Docker 就会尝试从默认镜像仓库下载。镜像仓库是由 Docker 官方维护的一个公共仓库，可以满足用户的绝大部分需求。用户也可以通过配置来使用自定义的镜像仓库。

下面具体介绍如何操作 Docker 镜像。

1.3.1 搜索镜像

在下载镜像前，可以使用 docker search 命令搜索远端官方仓库中的共享镜像。
命令格式：
docker search 关键字
例如，搜索关键字为 lamp 的镜像的命令和结果如下：
[root@localhost ~]# docker search lamp

NAME	DESCRIPTION	STARS	OFFICIAL	AUTOMATED
linode/lamp	LAMP on Ubuntu 14.04.1 LTS Container	142		
tutum/lamp	Out-of-the-box LAMP image (PHP+MySQL)	90		
greyltc/lamp	a super secure, up-to-date and lightweight L…	76		[OK]
fauria/lamp	Modern, developer friendly LAMP stack. Inclu…	34		[OK]
janes/alpine-lamp	lamp base on alpine linux	31		[OK]
nickistre/ubuntu-lamp	LAMP server on Ubuntu	25		[OK]

执行 docker search lamp 命令后，会返回很多包含 lamp 关键字的镜像，其中，返回信息包括镜像名称（NAME）、描述（DESCRIPTION）、星级（STARS）、是否官方创建（OFFICIAL）、是否主动创建（AUTOMATED）。默认的返回结果会按照星级评价进行排序，表示该镜像的受欢迎程度。在下载镜像时，可以参考星级。在搜索时，还可以使用 -s 或者 --stars=x 显示指定星级的镜像，星级越高表示越受欢迎。是否官方创建是指是否由官方项目组创建和维护的镜像。一般官方项目组维护的镜像使用单个单词作为镜像名称，称为基础镜像或者根镜像。如 reinblau/lamp 这种命名方式的镜像，表示是由 docker Hub 的用户 reinblau 创建并维护的镜像，带有用户名作为前缀。是否主动创建是指是否允许用户验证镜像的来源和内容。

使用 docker search 命令只能查找镜像，不能查找镜像的标签。因此若要查找 Docker 标签，则需要从网页上访问镜像仓库进行查找。

1.3.2 获取镜像

搜索到符合需求的镜像后，可以使用 docker pull 命令从网络中下载镜像到本地来使用。

命令格式：

docker pull 仓库名称[:标签]

对于 Docker 镜像来说，如果下载镜像时不指定标签，默认会下载仓库中最新版本的镜像，即选择标签 latest；也可通过指定标签来下载特定版本的某一镜像。这里的标签就是用来区分镜像版本的。

例如，下载镜像 nickistre/centos-lamp 的命令和结果如下：

[root@localhost ~]# docker pull nickistre/centos-lamp
Using default tag: latest
latest: Pulling from nickistre/centos-lamp
f9f73d801f05: Pull complete
31a920671517: Pull complete
21c34a1a7bde: Pull complete
dc05bf237fc1: Pull complete
001edf96df50: Pull complete
273de3312284: Pull complete
09e0c479c5d6: Pull complete
3274b3252b64: Pull complete
8affd66070d7: Pull complete

b3d0f4e847ac: Pull complete
1b0c18851735: Pull complete
557b86c40b14: Pull complete
bdf3abef29b4: Pull complete
8fab0cd5d21a: Pull complete
4f198432c128: Pull complete
Digest: sha256:6012dff0d5f805342d65e8eb3cae4e83e75bce16980915b165ef55d64866e91d
Status: Downloaded newer image for nickistre/centos-lamp:latest

从整个下载过程可以看出，镜像文件是由若干层（Layer）组成的，称之为 AUFS（联合文件系统），它是实现增量保存与更新的基础，下载过程中会输出镜像的各层信息。镜像下载到本地之后就可以随时使用了。

用户也可以选择从其他仓库注册服务器下载镜像，这时需要在仓库名称前指定完整的仓库注册服务器地址。

1.3.3 查看镜像信息

用户可以使用 docker images 命令查看下载到本地的所有镜像。

命令语法：

docker images 仓库名称:[标签]

例如，查看本地所有镜像的命令和结果如下：

[root@localhost ~]# docker images
REPOSITORY   TAG   IMAGE ID   CREATED   SIZE
nickistre/centos-lamp   latest   0b8d572d1c7d   9 days ago   547MB

从显示结果可以读出以下信息。

REPOSITORY：镜像所属的仓库。

➢ TAG：镜像的标签信息，用于标记同一个仓库中的不同镜像。

➢ IMAGE ID：镜像的唯一 ID 号，用于唯一标识一个镜像。

➢ CREATED：镜像的创建时间。

➢ SIZE：镜像大小。

用户还可以根据镜像的唯一标识 ID 号来获取镜像的详细信息。

命令格式：

docker inspect 镜像 ID 号

例如，获取镜像 nickistre/centos-lamp 详细信息的命令和结果如下：

[root@localhost ~]# docker inspect 0b8d572d1c7d
[
    {
        "Id": "sha256:0b8d572d1c7d20f8b2e86bb92517dd3a9e8f935194c7f48af5dc84984e7c5f44",
        "RepoTags": [
            "nickistre/centos-lamp:latest"
        ],
        "RepoDigests": [

```
            "nickistre/centos-lamp@sha256:6012dff0d5f805342d65e8eb3cae4e83e75bce1
6980915b165ef55d64866e91d"
        ],
        "Parent": "",
        "Comment": "",
        "Created": "2018-04-13T21:01:31.472818372Z",
        "Container": "25f7679db9909e1a5f63456ad2297c5eaaa8ca4c4f02991e678fc38af39e8762",
        "ContainerConfig": {
            "Hostname": "25f7679db990",
            "Domainname": "",
            "User": "",
            "AttachStdin": false,
            "AttachStdout": false,
            "AttachStderr": false,
            "ExposedPorts": {
                "22/tcp": {},
                "443/tcp": {},
                "80/tcp": {}
            },
            "Tty": false,
            "OpenStdin": false,
            "StdinOnce": false,
            "Env": [
                "PATH=/usr/local/sbin:/usr/local/bin:/usr/sbin:/usr/bin:/sbin:/bin"
            ],
            "Cmd": [
                "/bin/sh",
                "-c",
                "#(nop) ",
                "CMD [\"supervisord\" \"-n\"]"
            ],
            "ArgsEscaped": true,
            "Image": "sha256:23865469389846bddf3e091a0484f8e28cad879295c6f8e3a839b05137c079fc",
            "Volumes": null,
            "WorkingDir": "",
            "Entrypoint": null,
            "OnBuild": [],
            "Labels": {}
        },
        "DockerVersion": "17.06.1-ce",
        "Author": "Nicholas Istre <nicholas.istre@e-hps.com>",
        "Config": {
            "Hostname": "",
```

```
            "Domainname": "",
            "User": "",
            "AttachStdin": false,
            "AttachStdout": false,
            "AttachStderr": false,
            "ExposedPorts": {
                "22/tcp": {},
                "443/tcp": {},
                "80/tcp": {}
            },
            "Tty": false,
            "OpenStdin": false,
            "StdinOnce": false,
            "Env": [
                "PATH=/usr/local/sbin:/usr/local/bin:/usr/sbin:/usr/bin:/sbin:/bin"
            ],
            "Cmd": [
                "supervisord",
                "-n"
            ],
            "ArgsEscaped": true,
            "Image": "sha256:23865469389846bddf3e091a0484f8e28cad879295c6f8e3a839b05137c079fc",
            "Volumes": null,
            "WorkingDir": "",
            "Entrypoint": null,
            "OnBuild": [],
            "Labels": null
        },
        "Architecture": "amd64",
        "Os": "linux",
        "Size": 546989824,
        "VirtualSize": 546989824,
        "GraphDriver": {
            "Data": {
                "LowerDir": "/var/lib/Docker/overlay2/3190349f14dfb00484b3df2b583c1ff3cbbe1
0f28b3bf2e3205f97eeca97a2d2/diff:/var/lib/Docker/overlay2/3b92a5d95ab961b46a1f64d1c3e2d6cbb4f2f48c
53492257120507cb5a9184c0/diff:/var/lib/Docker/overlay2/c6a04e6ab18808354f8f1181a9688f6244a5262720
adbcb37bdab787577238a0/diff:/var/lib/Docker/overlay2/df2e479e8390d6b62f9990a624e42fe5f057141e70d3
ab61a1693f810776a511/diff:/var/lib/Docker/overlay2/0121cf919feb549e69315bfc52de3a597b693695a57956
43f6ee4c4a33e2920b/diff:/var/lib/Docker/overlay2/d44724d69cb7ef57bbd5e9f2e485ffbdc925e15b7655c2725
c8c755274c579f7/diff:/var/lib/Docker/overlay2/eb1508dd09067180df68a715a1a3a2d7f0c7747d2198d4498e3
a5bcb92a127ce/diff:/var/lib/Docker/overlay2/faf5653c7540e133652bf1fa9201a274c5b1fb800eaf0c42f4b2e76
de5691e16/diff:/var/lib/Docker/overlay2/8d9dab12d8e3075659d2c304cbefc827f3deb78d7c9ca01710ada2f35
```

4eebd9c/diff:/var/lib/Docker/overlay2/fc838efeff1c48a239d3850768463000d987ab41a6afb847a832823034728790/diff:/var/lib/Docker/overlay2/dbcbc7340caddb26a047117c3921302b596017368c19ea2dc894cd9c397de126/diff:/var/lib/Docker/overlay2/c6e5f57fdf3438d8254bb987230131aa9c67217e6dc6b075cc5a3a9f235948fc/diff:/var/lib/Docker/overlay2/b960ca6c2ba19fd80417642637ed13c23008c327cd4c3f626a9e765d3090dc09/diff:/var/lib/Docker/overlay2/38415952835b717d0e9c8653e7e4c36a0d755e9ed769fef172cff683d466d2f1/diff",

"MergedDir": "/var/lib/Docker/overlay2/1160863e39056f595d399ca9e645d69c9e5e9164fbc051814be7d65802079e2e/merged",

"UpperDir": "/var/lib/Docker/overlay2/1160863e39056f595d399ca9e645d69c9e5e9164fbc051814be7d65802079e2e/diff",

"WorkDir": "/var/lib/Docker/overlay2/1160863e39056f595d399ca9e645d69c9e5e9164fbc051814be7d65802079e2e/work"
},
"Name": "overlay2"
},
"RootFS": {
"Type": "layers",
"Layers": [
"sha256:da6517724f67fd4133a5bf508f7c79e20d8e2741c5b3264790d49db5e97c0e2e",
"sha256:244de8069fbc70a188607a8dddab80ad8866a4e0bcb0b24f12aef0130ba307f2",
"sha256:988e3cb5a27b1efc0c85c3d9b34b25322de3ce13267d647a869f9150cd3c3f7f",
"sha256:38556f5b76216ba7518d1da1f2ea0c7ac147203833976c5a701fb36d71e17ec6",
"sha256:e6eea089f108513a9af6006efe53cff5ef762bc4be503ce8eaa1c6c726cae2ed",
"sha256:07d45adf0b976b610bfbbc6f9cc30a133d18f69262a9446bc280f542bd17d743",
"sha256:a0753067e202b570fa8c70f86ae2e0510f82f2271a0d5c1db5cbb4f9a9210cc3",
"sha256:9b9518d71f0ef4b967d786f7f40943658362af00b5e9f91f43053619b75bf07b",
"sha256:11ed4ddf1f28ad2857c7b3f17eee8c349fd9011042cf563807493bbddb2f3f46",
"sha256:fa3e2c4d1489e48588c4a08443edb471234a481dd52b341b211909d35e5787ca",
"sha256:f874a4141753cd042dbdcfc0acb48c8239de9a1d42b4902defe79ea6042cfc62",
"sha256:fabd844fa786a84bcd481f617becfbc31b85e927b4b24a56acc5283c1ad5ea76",
"sha256:d31fcd4e52cffcbf6c8ff68a19609d4a7ae56e43f7ad41865dd7b1341ca70977",
"sha256:2ccc0c68e26e5ac575aa7f7822638d547b5a3c703c73c004a40b19388f582bda",
"sha256:385f382ed46ca3e95842ce6074deb140cc11784744882adea64e27a24eeddaa8"
]
},
"Metadata": {
"LastTagTime": "0001-01-01T00:00:00Z"
}
}
]

为了方便后续工作中使用镜像，可以用 docker tag 命令为本地的镜像添加新的标签。

命令格式：

docker tag 名称:[标签] 新名称:[新标签]

例如，为本地镜像 nickistre/centos-lamp 添加新的名称 lamp，新的标签 lamp：

```
[root@localhost ~]# docker images | grep lamp
lamp                          lamp      0b8d572d1c7d    4 weeks ago    547MB
nickistre/centos-lamp         latest    0b8d572d1c7d    4 weeks ago    547MB
```

1.3.4 删除镜像

可以使用 docker rmi 命令删除多余的镜像。删除镜像有两种方法：使用镜像的标签删除镜像、使用镜像的 ID 删除镜像。

命令格式：

docker rmi 仓库名称:标签

或者

docker rmi 镜像 ID 号

例如，要删除 lamp:lamp 镜像，可以使用如下命令：

[root@localhost ~]# docker rmi lamp:lamp
Untagged: lamp:lamp
[root@localhost ~]# docker images |grep lamp
Docker.io/nickistre/centos-lamp   latest   a0760f339193 2 weeks ago   534.5 MB

当一个镜像有多个标签的时候，docker rmi 命令只是删除该镜像多个标签中的指定标签，不会影响镜像文件，相当于只删除了镜像 a0760f339193 的一个标签。但当该镜像只剩下一个标签的时候，再使用删除命令就会彻底删除该镜像。

例如，删除 nickistre/centos-lamp 镜像，就会删除整个镜像文件的所有层：

[root@localhost ~]# docker rmi nickistre/centos-lamp
Untagged: nickistre/centos-lamp:latest
Deleted: a0760f339193fa6d729f929e3ef4ab70fa8739b1c2673a8ecb320cbccba7b653
Deleted: 99f6ac576e493ee80a693f1d601bed4e1ea2db7b580def7dbb4e11ed31bde08c
Deleted: 7355fe68d1b010c0bf924be5427f15bcff8c70f3fd1b1836963d5ef8cfefa000
Deleted: 55e4df068ef2ad511aa2ea2c3245c72779dbf7f9de256e17181892ea177d530e
Deleted: 2bbbdf835f5deec4d659c76220cd430911f4dccc965345655ea9209556084167
Deleted: 260c4960574a6494548d7d87b8adcbcb4d299385c84b1ff8566e050ffe7a1ecf
Deleted: 86790c619b926a0aad364fc9039f6907a9c1277087a8f34fc974e0d9ec847641
Deleted: 2f273da79ca4a810f17949e7ce914aa2daaa336b75794c610782092da9db1e0b
Deleted: 216d9f381671da8d9e538ca0e1695f273bfe26291446252131737347cca3f3d0
Deleted: 4cf451dbc8ecadbd39e7788f5ac9b5ff061b7d0367940f14c91b4e2fa861cb98
Deleted: 8c36a62c2a3026dd4b1a8ca4254678e908ca62dfdf3ed91e8b95f8760d0e3a5b
Deleted: 7082a71623775020c408bbd2447f94a8ad68611d501169bbda3109fdec31c3f0
Deleted: 443e5f15ee41608700f10d8dfb7cf11268225c7fab9acdb1b8756212853657c0
Deleted: 257e8200e69ac587c2d30e8eeaa3d84b3308c6c1beff7d9d616b72ab22544b5c
Deleted: 955bc15cf08550407bcdfbc293f51a7a096a5754e81f9e0c428e7a9eb9750ffb
Deleted: e5b4a3cbd39bad5ee55a715e9e50635e9d33f67f7a59cde1267e66b051c6382d
Deleted: 4a98883d437e364a6d103abdebfcb88c026af9c09aa43e8cb83c2e6b1a2e746a
Deleted: d65a92bab695a23057d02823b5d718822faaa413641f719764dc82bd47e6ea61
Deleted: 3690474eb5b4b26fdfbd89c6e159e8cc376ca76ef48032a30fa6aafd56337880

当在 docker rmi 命令后指定了某个镜像 ID 时，必须确保该镜像当前没有被任一容器使用。删除时系统会先删除指向该镜像的所有标签，然后删除该镜像本身。如果该镜像已经被容器使用，正确的做法是先删除依赖该镜像的所有容器，再去删除镜像。

1.3.5 存出镜像和载入镜像

当需要把一台机器上的镜像迁移到另一台机器上的时候，需要将镜像保存成本地文件，这一过程叫作存出镜像。使用 docker save 命令进行存出操作，之后就可以复制该文件到其他机器。

命令格式：

docker save -o 存出文件名 存出的镜像

例如，存出本地的 nickistre/centos-lamp 镜像为文件 lamp：

[root@localhost ~]# docker save -o lamp nickistre/centos-lamp
[root@localhost ~]# ls -l lamp
-rw-r--r--. 1 root root 550497792 Apr 19 18:54 lamp

将存出的镜像从机器 A 复制到机器 B 后，若需要在机器 B 上使用该镜像，就可以将该镜像导入到机器 B 的镜像库中，这一过程叫作载入镜像。使用 docker load 或者 docker load -i 进行载入操作。

命令格式：

docker load < 存出的文件

或者

docker load -i 存出的文件

例如，从文件 lamp 中载入镜像到本地镜像库中：

[root@localhost ~]# docker load <lamp

或

[root@localhost ~]# docker load -i lamp
[root@localhost ~]# docker images |grep lamp
Docker.io/nickistre/centos-lamp   latest a0760f339193   2 weeks ago   534.5 MB

1.3.6 上传镜像

当本地存储的镜像越来越多时，就需要指定一个专门存放这些镜像的地方——仓库。比较方便的就是使用公共仓库，默认上传到 docker Hub 官方仓库。需要注册访问公共仓库的账号，可以使用 docker login 命令输入用户名、密码和邮箱来完成注册和登录。在上传镜像之前，还需要先对本地镜像添加新的标签，然后使用 docker push 命令进行上传。

命令格式：

docker push 仓库名称：标签

例如，在公共仓库上已经成功注册了一个账号，账号是 daoke，新增 nickistre/centos-lamp 镜像的标签为 daoke/lamp:centos7：

[root@localhost ~]# docker tag nickistre/centos-lamp daoke/lamp:centos7

```
[root@localhost ~]# docker login
Username: Docker
Password:
Email: xxx@xxx.com
```

成功登录后就可以上传镜像：

```
[root@localhost ~]# docker push daoke/lamp:centos7
```

1.4 Docker 容器操作

容器是 Docker 的另一个核心概念。简单地说，容器是镜像的一个运行实例，是独立运行的一个或一组应用以及它们所需的运行环境，包括文件系统、系统类库、shell 环境等。镜像是只读模板，而容器会给这个只读模板添加一个额外的可写层。

下面具体介绍 Docker 容器的操作。

1. 容器的创建与启动

容器的创建就是将镜像加载到容器的过程。Docker 的容器十分轻量级，可以随时被创建或者删除。新创建的容器默认处于停止状态，不运行任何程序，需要在其中发起一个进程来启动容器。这个进程是该容器的唯一进程，当该进程结束时，容器也会完全停止。停止的容器可以重新启动并保留原来的修改。使用 docker create 命令可以新建一个容器。

命令格式：

docker create [选项] 镜像 运行的程序

常用选项：

- -i——让容器的输入保持打开状态；
- -t——让 Docker 分配一个伪终端。

例如，使用 docker create 命令创建新容器：

```
[root@localhost ~]# docker create -it nickistre/centos-lamp /bin/bash
28edb150112c3339f207945fd81798123df6f63784ed7f771c66aade8d98890d
```

使用 docker create 命令创建新容器后，会返回一个唯一的 ID。

使用 docker ps 命令可以查看所有容器的运行状态，添加 -a 选项，可以列出系统最近一次启动的容器。

```
[root@localhost ~]# docker ps -a
CONTAINER ID    IMAGE                   COMMAND         CREATED        STATUS    PORTS  NAMES
28edb150112c    nickistre/centos-lamp   "/bin/bash"     5 minutes ago  Created          suspicious_poincare
```

docker ps -a 命令的输出信息显示了容器的 ID 号、加载的镜像、运行的程序、创建时间、目前所处的状态、端口映射。其中，状态一栏为空，表示当前的容器处于停止状态。

启动处于停止状态的容器可以使用 docker start 命令。

命令格式：

docker start 容器的 ID/名称

例如，使用 docker start 命令启动新创建的容器：

[root@localhost ~]# docker start 28edb150112c
28edb150112c

[root@localhost ~]# docker ps -a |grep 28edb150112c
28edb150112c   nickistre/centos-lamp   "/bin/bash"   15 minutes ago   Up About a minute   22/tcp, 80/tcp, 443/tcp   suspicious_poincare

启动容器后，可以看到容器状态一栏变为 UP，表示容器已经处于启动状态。

如果用户想创建并启动容器，可以直接执行 docker run 命令，等同于先执行 docker create 命令，再执行 docker start 命令。

 注意

容器是一个与其中运行的 shell 命令共存亡的终端，shell 命令运行则容器运行，shell 命令结束则容器退出。

利用 docker run 命令创建容器时，Docker 在后台的标准运行过程如下。

（1）检查本地是否存在指定的镜像。若镜像不存在，会从公共仓库下载。
（2）利用镜像创建并启动一个容器。
（3）分配一个文件系统给容器，在只读的镜像层外面挂载一个可读写层。
（4）从宿主主机配置的网桥接口中桥接一个虚拟机接口到容器中。
（5）分配一个地址池中的 IP 地址给容器。
（6）执行用户指定的应用程序，执行完毕后容器被终止运行。

例如，创建容器并启动可执行一条 shell 命令：

[root@localhost ~]# docker run centos /usr/bin/bash -c ls /
anaconda-post.log
bin
dev
etc
home
lib
lib64
lost+found
media
mnt
opt
proc
root
run
sbin
srv

sys

tmp

usr

var

这和在本地直接执行命令几乎没有区别。

[root@localhost ~]# docker ps -a

CONTAINER ID   IMAGE   COMMAND   CREATED   STATUS   PORTS   NAMES

fda0d0b29037   centos   "/usr/bin/bash -c ls "   5 minutes ago   Exited (0) 20 seconds ago   boring_bose

查看容器的运行状态，可以看出，容器在执行"/usr/bin/bash -c ls"命令之后就停止了。

有时候需要在后台持续地运行一个容器，这就需要让 Docker 容器以守护进程的形式在后台运行。可以在 docker run 命令之后添加-d 选项来实现，但是需要注意容器所运行的程序不能结束。

例如，下面的容器会持续在后台运行：

[root@localhost ~]# docker run -d centos /usr/bin/bash -c "while true;do echo hello;done"

ea73977a968541126588220ced16473672229fc3351a6a21f707632daac58a46

[root@localhost ~]# docker ps -a

CONTAINER ID   IMAGE   COMMAND   CREATED   STATUS   PORTS   NAMES

ea73977a9685   centos   "/usr/bin/bash -c 'wh"   22 seconds ago   Up 22 seconds   mad_lovelace

查看容器的运行状态，可以看出容器始终处于 UP 的运行状态。

2．容器的运行与终止

如果需要终止容器的运行，可以使用 docker stop 命令。

命令格式：

docker stop 容器的 ID/名称

例如：

[root@localhost ~]# docker stop ea73977a9685

ea73977a9685

[root@localhost ~]# docker ps -a

CONTAINER ID   IMAGE   COMMAND   CREATED   STATUS   PORTS   NAMES

ea73977a9685   centos   "/usr/bin/bash -c 'wh"   7 minutes ago   Exited (137) 26 seconds ago   mad_lovelace

查看容器的运行状态，可以看出容器处于 Exited 的终止状态。

3．容器的进入

当需要进入容器进行相应操作时，可以使用 docker exec 命令。

命令格式：

docker exec -it 容器 ID/名称 /bin/bash

其中：
> -i——让容器的输入保持打开状态；

> -t——让 Docker 分配一个伪终端。

例如，进入正在运行着的容器 ea73977a9685：

[root@ localhost ~]# docker exec -it ea73977a9685 /bin/bash

[root@ea73977a9685 /]#

用户可以通过所创建的终端来输入命令，如通过 exit 命令退出容器：

[root@ea73977a9685 /]# ls

anaconda-post.log etc   lib64   mnt   root srv   usr
bin   home   lost+found opt   run   sys   var
dev   lib   media   proc sbin tmp

[root@ea73977a9685 /]# exit

exit

[root@ localhost ~]#

4. 容器的导出与导入

用户可以将任何一个 Docker 容器从一台机器迁移到另一台机器。在迁移过程中，可以使用 docker export 命令将已经创建好的容器导出为文件，无论这个容器是处于运行状态还是停止状态。导出文件可以传输到其他机器，也可以通过相应的导入命令实现容器的迁移。

命令格式：

docker export 容器 ID/名称 >文件名

例如，导出 f41fa9c70057 容器到文件 centos7tar：

[root@localhost ~]# docker ps -a
CONTAINER ID   IMAGE   COMMAND   CREATED   STATUS   PORTS   NAMES
f41fa9c70057   centos   "/usr/bin/bash -c 'wh" 32 seconds ago Up 18 seconds   clever_blackwell

[root@localhost ~]# docker export f41fa9c70057 > centos7tar

[root@localhost ~]# ls -l centos7tar

-rw-r--r--. 1 root root 204250112 Apr 28 12:01 centos7tar

将导出的文件从 A 机器复制到 B 机器，之后使用 docker import 命令导入为镜像。

命令格式：

cat 文件名| docker import - 生成的镜像名称:标签

例如，导入文件 centos7tar 成为本地镜像：

[root@localhost ~]# cat centos7tar |docker import - centos7:test

4dee686ec62f75b92c3e213def3799844a59ac9ccb920a3110e29dc7ce9fcb66

[root@localhost ~]# docker images |grep centos7

centos7   test   4dee686ec62f   5 minutes ago   196.7 MB

5. 容器的删除

可以使用 docker rm 命令将一个已经处于终止状态的容器删除。

命令格式：

docker　rm　容器 ID/名称

例如，删除 ID 号为 23e9bbbd5df5 的容器：

[root@localhost ~]# docker rm 23e9bbbd5df5

23e9bbbd5df5

[root@localhost ~]# docker ps -a |grep 23e9bbbd5df5

[root@localhost ~]#

如果是删除一个正在运行的容器，可以添加-f 选项来强制删除。建议先将容器停止再删除。

Docker 默认的存储目录在/var/lib/docker 下，Docker 的镜像、容器、日志等内容全部存储在此目录中，可以单独使用大容量的分区来存储这些内容。一般选择建立 LVM 逻辑卷，从而避免 Docker 运行过程中存储目录容量不足的问题。

1.5　Docker 的数据管理

在 Docker 中，为了方便地查看容器内产生的数据或者共享多个容器之间的数据，就用到容器的数据管理操作。

管理 Docker 容器中的数据主要有两种方式：数据卷（Data Volumes）和数据卷容器（Data Volumes Containers）。

1. 数据卷

数据卷是一个供容器使用的特殊目录，位于容器中。可以将宿主机的目录挂载到数据卷上，对数据卷的修改操作立刻可见，并且更新数据后不会影响镜像，从而实现数据在宿主机与容器之间的迁移。数据卷的使用类似于 Linux 下对目录进行的 mount 操作。

2. 创建数据卷

在 docker run 命令中使用-v 选项可以在容器内创建数据卷，多次使用-v 选项可以创建多个数据卷。使用--name 选项可以给容器创建一个友好的自定义名称。

例如，使用 httpd:centos 镜像创建一个名为 web 的容器，并且创建两个数据卷，分别挂载到/data1 与/data2 目录上：

[root@localhost ~]# docker run -d -v /data1 -v /data2 --name web httpd:centos

025df41fd123706edcfd1f31f4367c7890cb07e701040f0b886da2350695887d

进入容器中，可以看到两个数据卷已经创建成功，并分别挂载到/data1 与/data2 目录上：

[root@localhost ~]# docker exec -it web /bin/bash

[root@025df41fd123 /]# ls -l

total 44

```
-rw-r--r--.         1 root root 18302 May 17 12:11 anaconda-post.log
lrwxrwxrwx.         1 root root     7 May 17 12:03 bin -> usr/bin
drwxr-xr-x.         3 root root    17 Jun  3 03:10 boot
drwxr-xr-x.         2 root root     6 Jun  3 13:47 data1
drwxr-xr-x.         2 root root     6 Jun  3 13:47 data2
drwxr-xr-x.         5 root root   360 Jun  3 13:47 dev
drwxr-xr-x.        49 root root  4096 Jun  3 13:47 etc
drwxr-xr-x.         2 root root     6 Aug 12  2015 home
lrwxrwxrwx.         1 root root     7 May 17 12:03 lib -> usr/lib
lrwxrwxrwx.         1 root root     9 May 17 12:03 lib64 -> usr/lib64
drwx------.         2 root root     6 May 17 12:02 lost+found
drwxr-xr-x.         2 root root     6 Aug 12  2015 media
drwxr-xr-x.         2 root root     6 Aug 12  2015 mnt
drwxr-xr-x.         2 root root     6 Aug 12  2015 opt
dr-xr-xr-x.       453 root root     0 Jun  3 13:47 proc
dr-xr-x---.        2 root root  4096 May 17 12:11 root
drwxr-xr-x.         4 root root    32 Jun  3 03:10 run
-rwxrwxr-x.         1 root root    71 Jun  3 02:57 run.sh
lrwxrwxrwx.         1 root root     8 May 17 12:03 sbin -> usr/sbin
drwxr-xr-x.         2 root root     6 Aug 12  2015 srv
dr-xr-xr-x.        13 root root     0 Jun  2 06:25 sys
drwxrwxrwt.         7 root root  4096 Jun  3 13:47 tmp
drwxr-xr-x.        13 root root  4096 May 17 12:03 usr
drwxr-xr-x.        19 root root  4096 Jun  3 03:10 var
[root@025df41fd123 /]# exit
exit
[root@localhost ~]#
```

3. 挂载主机目录作为数据卷

使用 docker run 命令的-v 选项可以在创建数据卷的同时，将宿主机的目录挂载到数据卷上使用，以实现宿主机与容器之间的数据迁移。

 注意

宿主机本地目录的路径必须是绝对路径。如果路径不存在，Docker 会自动创建相应的路径。

例如，使用 httpd:centos 镜像创建一个名为 web-1 的容器，并且将宿主机的/var/www 目录挂载到容器的/data1 目录上：

```
[root@localhost ~]# docker run -d -v /var/www:/data1 --name web-1 httpd:centos
85298d93e25eb10c7937596868891440d10f83a36e23a61d2cead5c1349cb969
```

在宿主机本地/var/www 目录中创建一个文件 file，进入运行的容器中。在挂载目录下可以看到之前创建的文件 file，成功实现从宿主机到容器的数据迁移。

```
[root@localhost ~]# cd /var/www/
```

```
[root@localhost www]# touch file
[root@localhost www]# ls
file
[root@localhost ~]# docker exec -it web-1 /bin/bash
[root@85298d93e25e /]# ls
anaconda-post.log  data1  home  lost+found  opt   run      srv  usr
bin                dev    lib   media       proc  run.sh   sys  var
boot               etc    lib64 mnt         root  sbin     tmp
[root@85298d93e25e /]# cd data1/
[root@85298d93e25e data1]# ls
file
```

同理，在宿主机相应的挂载目录中也可以访问在容器数据卷中创建的数据。

4. 数据卷容器

如果需要在容器之间共享一些数据，最简单的方法就是使用数据卷容器。数据卷容器是一个普通的容器，专门提供数据卷给其他容器挂载。使用方法如下：首先，需创建一个容器作为数据卷容器，之后在其他容器创建时用--volumes-from 挂载数据卷容器中的数据卷即可。

例如，使用前面预先创建好的数据卷容器 web，其中创建的数据卷分别挂载到/data1 与/data2 目录上，使用--volumes-from 来挂载 web 容器中的数据卷到新的容器，新的容器名为 db1：

```
[root@localhost ~]# docker run -it --volumes-from web  --name db1 httpd:centos /bin/bash
[root@58de329e2bdf /]# ls
anaconda-post.log  boot   data2  etc   lib     lost+found  mnt     proc  run
sbin               sys    usr    bin   data1   dev         home    lib64 media    opt  root  run.sh
srv                tmp    var
```

在 db1 容器数据卷/data1 目录中创建一个文件 file。在 web 容器的/data1 目录中，可以查看到它。

```
[root@58de329e2bdf /]# cd data1
[root@58de329e2bdf data1]# touch file
[root@58de329e2bdf data1]# ls
file
[root@58de329e2bdf data1]# exit
exit
[root@localhost ~]# docker exec -it web /bin/bash
[root@025df41fd123 /]# cd data1
[root@025df41fd123 data1]# ls
file
```

本章小结

通过本章的学习，读者了解了 Docker 服务的安装、Docker 镜像和容器的操作，以及 Docker 的数据管理等相关内容，并对 Docker 有了基本的认识。后续章节中将会详细介绍 Docker 日志、安全、高级管理等方面的内容。

本章作业

一、选择题

1. 关于 Docker 的描述错误的是（   ）。
    A．Docker 具有轻便、快速的特性，可以使应用达到快速迭代的目的
    B．开发过程中，需要将若干个小变更积攒起来，一起打成 Docker 镜像
    C．Docker 可以隔离开发和管理，简化开发和部署的成本
    D．Docker 简化了部署、调试等琐碎重复的工作，极大地提高了工作效率

2. （   ）不属于 Docker 的核心概念。
    A．镜像   B．数据卷   C．容器   D．仓库

3. 对于 Docker 镜像的描述错误的是（   ）。
    A．镜像是容器的基础，如果本地不存在镜像，就会去默认仓库下载
    B．可以使用 docker search 命令搜索远端官方仓库中的共享镜像
    C．官方镜像是由官方项目组维护的镜像，使用单个单词作为镜像名称
    D．下载镜像时，如果不指定标签，则自动下载仓库中最新版本的镜像，即选择标签为 new 的标签

二、判断题

1. 传统虚拟机需要有额外的虚拟机管理程序和虚拟机操作系统层，而 docker 容器则是直接在操作系统层面之上实现的虚拟化。（   ）

2. 命令 docker search 可以查找镜像和标签，同时也可以通过网页来访问镜像仓库进行查找。（   ）

3. Docker 容器启动时，分配 IP 地址要早于分配文件系统和挂载可读写层。（   ）

4. 将宿主机目录挂载到数据卷上使用时，宿主机本地目录的路径可以针对当前目录使用相对路径。（   ）

三、简答题

1. 简述 Docker 的三大核心概念。
2. 简述 Docker 和虚拟机的区别。
3. 当利用 docker run 创建容器后，Docker 在后台的运行过程是什么样的？

第 2 章

Docker 镜像管理

技能目标

- 了解 Docker 镜像的分层（layer）
- 掌握 Docker 镜像的多种创建方法
- 掌握 Dockerfile 定制镜像的方法

价值目标

Docker 的镜像管理功能非常重要，一个完整的 Docker 可以支撑一个 Docker 容器的运行，这样就可以扩大 Docker 的影响力并提高工作效率。通过学习 Docker 的镜像管理，可以提升学生解决 Docker 镜像问题的能力，以及实际操作 Docker 镜像的能力，培养学生敢于探索和不怕困难的精神。

通过第 1 章的学习，读者掌握了 Docker 的三大核心概念——镜像、容器、仓库，并学会了怎样使用镜像及运行容器的基本操作。除了使用网上提供的 Docker 镜像之外，怎样去创建和使用自定义的 Docker 镜像构建容器呢？

本章将介绍 Docker 镜像的多种创建方法，用户可以自定义的方式创建镜像，定制更符合企业业务需求的容器。

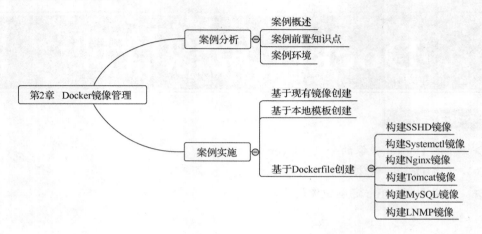

2.1 案例分析

2.1.1 案例概述

Docker 镜像除了是 Docker 的核心技术之外，也是发布应用的标准格式。一个完整的 Docker 镜像可以支撑一个 Docker 容器的运行。在 Docker 的整个使用过程中，进入一个已经定型的容器之后，就可以在其中进行操作。最常见的操作就是在容器中安装应用服务。如果要把已经安装的服务迁移，就需要把环境以及搭建的服务生成新的镜像。本案例将介绍如何创建 Docker 镜像。

2.1.2 案例前置知识点

1. Docker 的镜像结构

镜像不是一个单一的文件，而是由多层构成的。可以通过 docker history 命令查看镜像中各层的内容及大小，每层对应 Dockerfile 中的一条指令。Docker 镜像默认存储在 /var/lib/docker/<storage-driver> 目录中。容器其实是在镜像的最上面加了一个读写层，在运行容器里进行的任何文件改动都会写到这个读写层。如果删除了容器，也就删除了这个读写层，文件改动也就丢失了。Docker 使用存储驱动来管理镜像每层的内容及可读写的容器层。Docker 镜像是分层的。下面这些知识点非常重要。

（1）Dockerfile 中的每个指令都会创建一个新的镜像层。

（2）镜像层可以被缓存和复用。

（3）当 Dockerfile 的指令修改了，复制的文件变化了，或者构建镜像时指定的变量不同了，对应的镜像层缓存就会失效。

（4）某一层的镜像缓存失效，它之后的镜像层缓存都会失效。

（5）镜像层是不可变的，如果在某一层添加一个文件，然后在下一层删除它，则镜像中依然会包含该文件，只是这个文件在 Docker 容器中不可见了。

请扫描二维码观看视频讲解。

Docker 镜像结构

2. Dockerfile 简介

Dockerfile 是一种被 Docker 程序解释的脚本。Dockerfile 由多条指令组成，每条指令对应 Linux 的一条命令。Docker 程序将这些 Dockerfile 指令翻译成真正的 Linux 命令。Dockerfile 有自己的书写格式和支持的命令。Docker 程序负责解决这些命令间的依赖关系，类似于 Makefile。Docker 程序读取 Dockerfile，根据指令生成定制的镜像。相比镜像这种黑盒子，Dockerfile 这种显而易见的脚本更容易被使用者接受，它明确地表明镜像是怎么产生的。有了 Dockerfile，当有额外的定制需求时，只需在 Dockerfile 上添加或者修改指令，重新生成镜像即可。

2.1.3 案例环境

1. 案例的运行环境

案例的运行环境如表 2-1 所示。

表 2-1 docker 镜像管理案例的运行环境

主机	操作系统	主机名/IP 地址	主要软件及版本
服务器	Centos 7.3 x86-64	Localhost/192.168.168.91	Docker-18.03.0-ce

2. 案例原理拓扑

通过 Dockerfile 可以创建常见的应用镜像。Dockerfile 的构成如图 2.1 所示。

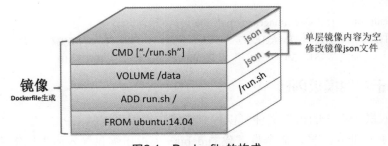

图 2.1 Dockerfile 的构成

3. 案例需求

本案例的需求如下所示。

（1）基于容器（现有镜像）创建镜像。

（2）基于模板创建镜像。

（3）基于 Dockerfile 创建常用的基础服务。

2.2 案例实施

创建镜像有三种方法，分别为基于已有镜像创建、基于本地模板创建，以及基于 Dockerfile 创建。下面着重介绍创建镜像的这三种方法。

2.2.1 基于现有镜像创建

基于现有镜像创建是使用 docker commit 命令，即把一个容器中运行的程序及该程序的运行环境打包起来生成新的镜像。

命令格式：

docker commit [选项] 容器 ID/名称 仓库名称:[标签]

常用选项：

➢ -m：说明信息；

➢ -a：作者信息；

➢ -p：生成过程中停止容器的运行。

首先启动一个镜像，在容器里修改，然后将修改后的容器提交为新的镜像。需要记住该容器的 ID 号。例如：

[root@localhost ~]# docker ps -a
CONTAINER ID   IMAGE COMMAND   CREATED STATUS   PORTS   NAMES
bf249d1747a7 docker.io/centos "/bin/bash" 16seconds ago Created   mad_perlman

之后可以使用 docker commit 命令创建一个新的镜像，例如：

[root@localhost ~]# docker commit -m "new" -a "daoke" bf249d1747a7 daoke:test
514a393b0c1999abbef373c991914341327006cc5e74ad435c30fae7b463cf97

创建完成后，会返回新创建镜像的 ID 信息。查看本地镜像列表时，可以看到新创建的镜像信息。

[root@localhost ~]# docker images |grep daoke
REPOSITORY   TAG   IMAGE ID   CREATED   VIRTUAL SIZE
daoke   test   514a393b0c19   2 minutes ago   196.7 MB

2.2.2 基于本地模板创建

通过导入操作系统的模板文件可以生成镜像，模板可以从 OPENVZ 开源项目下载。下面是使用 docker 导入命令将下载的 debian 模板压缩包导入为本地镜像的例子。

[root@localhost~]#wget http://download.openvz.org/template/precreated/debian-7.0-x86-minimal.tar.gz

[root@localhost ~]# cat debian-7.0-x86-minimal.tar.gz |docker import - daoke:new
2eea1ad3459c280582be6fd55a7c57817fd5e5f4f91218df89e86e42e480dca0

导入完成后，会返回生成镜像的 ID 信息。查看本地镜像列表时，可以看到新创建的镜像信息。

```
[root@localhost ~]# docker images |grep new
REPOSITORY     TAG     IMAGE ID        CREATED              VIRTUAL SIZE
daoke          new     2eea1ad3459c    About a minute ago   214.7 MB
```

2.2.3 基于 Dockerfile 创建

除了手动生成 Docker 镜像之外，还可以使用 Dockerfile 自动生成镜像。Dockerfile 是由一组指令组成的文件，每条指令对应 Linux 中的一条命令，Docker 程序将读取 Dockerfile 中的指令生成指定镜像。

Dockerfile 的结构大致分为四部分：基础镜像信息、维护者信息、镜像操作指令和容器启动时的执行指令。Dockerfile 每行一条指令，每条指令可携带多个参数，支持使用以 "#" 号开头的注释。

Dockerfile 有十几条命令用于构建镜像。表 2-2 中列出了常用的 Dockerfile 操作指令。

表 2-2 Dockerfile 操作指令

指令	含义
FROM 镜像	指定新镜像所基于的镜像，第一条指令必须为 FROM 指令。每创建一个镜像就需要一条 FROM 指令
MAINTAINER 名字	说明新镜像的维护人信息
RUN 命令	在所基于的镜像上执行命令，并提交到新的镜像中
CMD["要运行的程序","参数 1","参数 2"]	启动容器时要运行的命令或者脚本。Dockerfile 只能有一条 CMD 命令，如果指定多条 CMD 命令，也只执行最后一条
EXPOSE 端口号	指定新镜像加载到 Docker 时要开启的端口
ENV 环境变量 变量值	设置一个环境变量的值，会被后面的 RUN 用到
ADD 源文件/目录 目标文件/目录	将源文件复制到目标文件。源文件要与 Dockerfile 位于相同目录中，或者同一个 URL
COPY 源文件/目录 目标文件/目录	将本地主机上的文件/目录复制到目标地点。源文件/目录要与 Dockerfile 在相同的目录中
VOLUME ["目录"]	在容器中创建一个挂载点
USER 用户名/UID	指定运行容器时的用户
WORKDIR 路径	为后续的 RUN、CMD、ENTRYPOINT 指定工作目录
ONBUILD 命令	指定所生成的镜像作为一个基础镜像时要运行的命令
HEALTHCHECK	健康检查

在编写 Dockerfile 时，有严格的格式需要遵循：第一行必须使用 FROM 指令指明所基于的镜像名称，之后使用 MAINTAINER 指令说明维护该镜像的用户信息，然后是镜像操作的相关指令，如 RUN 指令。每运行一条指令，都会给基础镜像添加新的一层。最后使用 CMD 指令指定启动容器时要运行的命令。

下面是使用 Dockerfile 创建镜像并在容器中运行的完整案例。

首先需要建立目录，作为生成镜像的工作目录，然后分别创建并编写 Dockerfile 文件、需要运行的脚本文件，以及要复制到容器中的文件。

1. 构建 SSHD 镜像

（1）下载基础镜像

下载一个创建 SSHD 镜像的基础镜像 centos：

[root@localhost nginx]# docker pull centos
Using default tag: latest
latest: Pulling from library/centos
08d48e6f1cff: Pull complete
Digest: sha256:b2f9d1c0ff5f87a4743104d099a3d561002ac500db1b9bfa02a783a46e0d366c
Status: Downloaded newer image for centos:latest

（2）建立工作目录

[root@localhost ~]#mkdir sshd
[root@localhost ~]#cd sshd

（3）创建并编写 Dockerfile 文件

[root@localhost apache]#vim Dockerfile
#第一行必须指明基于的基础镜像
FROM centos:latest
#维护该镜像的用户信息
MAINTAINER The CentOS Project <cloud-ops@centos.org>
#镜像操作指令
#RUN yum -y update
RUN yum -y   install openssh-server net-tools openssh-devel lsof telnet
RUN sed -i 's/UsePAM yes/UsePAM no/g' /etc/ssh/sshd_config
RUN ssh-keygen -t dsa -f /etc/ssh/ssh_host_dsa_key
RUN ssh-keygen -t rsa -f /etc/ssh/ssh_host_rsa_key
#开启 22 端口
EXPOSE 22
#启动容器时执行指令
CMD ["/usr/sbin/sshd" , "-D"]

（4）生成镜像

[root@localhostsshd]# docker build -t sshd:new .

（5）启动容器并修改 root 密码

[root@localhost sshd]# docker run -d -P sshd:new
[root@localhost ~]# ssh localhost -p 32774 //输入容器的密码即可

2. 构建 Systemctl 镜像

(1) 建立工作目录

[root@localhost ~]#mkdir systemctl

[root@localhost ~]#cd systemctl

(2) 创建并编写 Dockerfile 文件

[root@localhost systemctl]#vim Dockerfile

```
FROM sshd:new
ENV container docker
RUN (cd /lib/systemd/system/sysinit.target.wants/; for i in *; do [ $i == \
systemd-tmpfiles-setup.service ] || rm -f $i; done); \
rm -f /lib/systemd/system/multi-user.target.wants/*;\
rm -f /etc/systemd/system/*.wants/*;\
rm -f /lib/systemd/system/local-fs.target.wants/*; \
rm -f /lib/systemd/system/sockets.target.wants/*udev*; \
rm -f /lib/systemd/system/sockets.target.wants/*initctl*; \
rm -f /lib/systemd/system/basic.target.wants/*;\
rm -f /lib/systemd/system/anaconda.target.wants/*;
VOLUME [ "/sys/fs/cgroup" ]
CMD ["/usr/sbin/init"]
```

(3) 生成镜像

[root@localhostsshd]# docker build -t local/c7-systemd:latest .

(4) 启动容器

[root@localhost sshd]# docker run --privileged -ti -v /sys/fs/cgroup:/sys/fs/cgroup:ro local/c7-systemd:latest /sbin/init

[root@localhost ~]# docker ps -a

CONTAINER ID   IMAGE   COMMAND   CREATED   STATUS   PORTS   NAMES

2aa529af7c81   local/c7-systemd:latest   "/sbin/init"   27 seconds ago   Up 26 seconds   eager_ritchie

(5) 验证 systemctl

[root@localhost ~]# docker exec -it 2aa529af7c81 bash

[root@2aa529af7c81 /]# systemctl status sshd

sshd.service - OpenSSH server daemon

Loaded: loaded (/usr/lib/systemd/system/sshd.service; disabled; vendor preset: enabled)

Active: inactive (dead)

Docs: man:sshd(8)

man:sshd_config(5)

3. 构建 Nginx 镜像

(1) 建立工作目录

[root@localhost ~]#mkdir nginx

[root@localhost ~]#cd nginx

（2）创建并编写 Dockerfile 文件

可以根据具体的 Nginx 安装过程来编写 Dockerfile 文件。

```
[root@localhost apache]#vim Dockerfile
#设置基础镜像
FROM centos
#维护该镜像的用户信息
MAINTAINER The CentOS Project <cloud-ops@centos.org>
#安装相关依赖包
RUN yum install -y wget proc-devel net-tools gcc zlib zlib-devel make openssl-devel
#下载并解压 Nginx 源码包
RUN wget http://nginx.org/download/nginx-1.9.7.tar.gz
RUN tar zxf nginx-1.9.7.tar.gz
#编译安装 nginx
WORKDIR nginx-1.9.7
RUN ./configure --prefix=/usr/local/nginx && make && make install
#开启 80 和 443 端口
EXPOSE 80
EXPOSE 443
#修改 Nginx 配置文件,以非 daemon 方式启动
RUN echo "daemon off;">>/usr/local/nginx/conf/nginx.conf
#复制服务启动脚本并设置权限
WORKDIR /root/nginx
ADD run.sh /run.sh
RUN chmod 775 /run.sh
#启动容器时执行脚本
CMD ["/run.sh"]
```

（3）编写执行脚本内容

```
[root@localhost nginx]# vim run.sh
#!/bin/bash
/usr/local/nginx/sbin/nginx
```

（4）生成镜像

```
[root@localhost nginx]# docker build -t nginx:new .
```

（5）启动容器进行测试

```
[root@localhost ~]# docker run -d -P nginx:new
e26eb74a2590c17285de136764b83c0b70a9fb60e8fce86fb1e1a7a9242e4222
```

查看内部的 80 端口和 443 端口，它们被分别映射到本地端口：

```
[root@localhost ~]# docker ps -a
CONTAINER ID    IMAGE       COMMAND     CREATED         STATUS       PORTS       NAMES
b3d7d2b7959b    nginx:new               "/run.sh"        3 seconds ago   Up 3 seconds   0.0.0.0:32769->80/tcp, 0.0.0.0:32818->443/tcp
```

访问本地的 32769 端口，如图 2.2 所示。

```
[root@localhost ~]# firefox http://192.168.168.91:32769
```

图2.2　Nginx欢迎界面

浏览器中返回 Nginx 欢迎界面，说明 Nginx 已经启动。

4．构建 Tomcat 镜像

Tomcat 是一个免费开源的轻量级 Web 服务器，普遍应用在中小型企业和并发访问量不高的场合。Tomcat 是开发和调试 JSP 程序的首选工具。下面使用 Dockerfile 文件的方式来创建带有 Tomcat 服务的 Docker 镜像。

（1）创建工作目录

创建完工作目录后，可以先把需要的 jdk 软件包下载并解压到工作目录。

[root@localhost ~]# mkdir tomcat
[root@localhost ~]# cd tomcat/
[root@localhost tomcat]# ls
jdk-8u162-linux-x64.tar.gz
[root@lcoalhost tomcat]# tar xzvf jdk-8u162-linux-x64.tar.gz

（2）创建 Dockerfile 文件

[root@localhost tomcat]# vim Dockerfile
FROM centos:latest
#维护该镜像的用户信息
MAINTAINER The CentOS Project <cloud-ops@centos.org>
#安装 JDK 环境，设置其环境变量
#RUN tar zxf jdk-8u162-linux-x64.tar.gz
ADD jdk1.8.0_162 /usr/local/jdk-8u162
ENV JAVA_HOME /usr/local/jdk-8u162
ENV JAVA_BIN /usr/local/jdk-8u162/bin
ENV JRE_HOME /usr/local/jdk-8u162/jre
ENV PATH $PATH:/usr/local/jdk-8u162/bin:/usr/local/jdk-8u162/jre/bin
ENV CLASSPATH /usr/local/jdk-8u162/jre/bin:/usr/local/jdk-8u162/lib:/usr/local/jdk-8u162/jre/lib/charsets.jar
#安装 wget 工具
RUN yum install -y wget
#下载 tomcat 软件包
RUN wget http://mirrors.hust.edu.cn/apache/tomcat/tomcat-8/v8.5.35/bin/apache-tomcat-8.5.35.tar.gz
#解压 Tomcat 并移动到相应位置
tar zxcf apache-tomcat-8.5.35.tar.gz -c /usr/local/tomcat
#开启 8080 端口

EXPOSE 8080

（3）用 Dockerfile 生成镜像

[root@lcoalhost tomcat]#　docker build -t tomcat:centos　.

（4）运行容器并验证

映射本地的 80 端口到容器的 8080 端口：

[root@lcoalhost tomcat]# docker run　-itd -p 80:8080 tomcat:centos bash
34b306df8f86953df64ca68cfca0555c82dc47eea4c40c04010c091edff20223

进入运行的容器，启动 Tomcat：

[root@lcoalhost tomcat]# docker exec -it e72bbaf7d212 bash
[root@34b306df8f86 /]# /usr/local/tomcat/apache-tomcat-8.5.35/bin/startup.sh
Tomcat started.
[root@34b306df8f86 /]# exit
exit

在本地访问 8080 端口，可以看到 Tomcat 的欢迎界面，如图 2.3 所示。

[root@localhost ～]#firefox http://192.168.168.91:8080

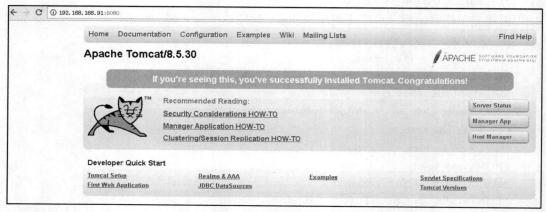

图2.3　Tomcat欢迎界面

5．构建 MySQL 镜像

MySQL 是当下最流行的关系型数据库，其使用的 SQL 语言是最常用于访问数据库的标准化语言。MySQL 具有体积小、速度快、成本低的优势，已成为中小型企业首选的数据库。下面使用 Dockerfile 文件的方式来创建带有 MySQL 服务的 Docker 镜像。

（1）创建工作目录

[root@localhost ～]# mkdir mysql
[root@lcoalhost ～]# cd mysql

（2）创建 Dockerfile 文件

[root@lcoalhost mysql]# vi Dockerfile
#设置基础镜像
FROM guyton/centos6

```
#维护该镜像的用户信息
MAINTAINER The CentOS Project-MySQL cloud-ops@centos.org
#安装 MySQL 数据库软件包
RUN yum install -y mysql mysql-devel mysql-server
#开启 mysqld 服务,并进行授权
RUN /etc/init.d/mysqld start &&\
mysql -e "grant all privileges on *.* to 'root'@'%' identified by '123456';"&&\
mysql -e "grant all privileges on *.* to 'root'@'localhost' identified by '123456';"
#开启 3306 端口
EXPOSE 3306
#运行初始化脚本 mysqld_safe
CMD ["mysqld_safe"]
```

(3)用 Dockerfile 生成镜像

[root@lcoalhost mysql]# docker build -t centos:mysql .

在执行 docker build 命令生成镜像的过程中,如果没有先使用 docker pull 命令下载基础镜像,则会在生成镜像时下载基础镜像。

(4)运行容器并验证

使用新镜像运行容器,并随机映射本地的端口到容器的 3306 端口:

[root@localhost ~]# docker run --name=mysql_server -d -P centos:mysql
3869fcc9ef6a226437fc41ca26c6a0338e6e00ad9c426d52374db8a06f3f29a4

查看本地映射的端口号的命令:

docker ps -a

[root@localhost mysql]# docker ps -a

CONTAINER ID	IMAGE	COMMAND	CREATED	STATUS	PORTS	NAMES
65af60c4c059	centos:mysql	"mysqld_safe"	7 minutes ago	Up 7 minutes	0.0.0.0:32776->3306/tcp	

从本地主机登录 MySQL 数据库进行验证,命令如下:

[root@localhost ~]# mysql -h 192.168.168.91 -u root -P 32776 -p123456
Welcome to the MariaDB monitor. Commands end with ; or \g.
Your MySQL connection id is 1
Server version: 5.1.73 Source distribution
Copyright (c) 2000, 2017, Oracle, MariaDB Corporation Ab and others.
Type 'help;' or '\h' for help. Type '\c' to clear the current input statement.
MySQL [(none)]>

6. 构建 LNMP 镜像

LNMP 是指 Linux 系统下的 Nginx、MySQL、PHP 相结合而构建的动态网站服务器架构。下面使用 Dockerfile 文件的方式来创建带有 LNMP 架构的 Docker 镜像。

(1)创建工作目录

[root@localhost ~]# mkdir lnmp
[root@localhost ~]# cd lnmp/

（2）创建 Dockerfile 文件

```
#基础镜像
FROM lemonbar/centos6-ssh
#维护该镜像的用户信息
MAINTAINER The CentOS Project-LNMP cloud-ops@centos.org
#配置 nginx 的 YUM 源
RUN rpm -ivh http://nginx.org/packages/centos/6/noarch/RPMS/nginx-release-centos-6-0.el6.ngx.noarch.rpm
#安装 nginx
RUN rpm --rebuilddb && yum install -y nginx
#修改 nginx 配置文件，使之支持 PHP
RUN sed -i '/^user/s/nginx/nginx\ nginx/g' /etc/nginx/nginx.conf
RUN sed -i '10cindex index.php index.html index.htm ;'  /etc/nginx/conf.d/default.conf
RUN sed -i '30,36s/#//' /etc/nginx/conf.d/default.conf
RUN sed -i '31s/html\/usr\/share\/nginx\/html/'  /etc/nginx/conf.d/default.conf
RUN sed -i    '/fastcgi_param/s/scripts/usr\/share\/nginx\/html/' /etc/nginx/conf.d/default.conf
#安装 MySQL 和 php
RUN rpm --rebuilddb && yum install -y mysql mysql-devel mysql-server   php   php-mysql  php-fpm
#修改 php-fpm 配置文件，允许 nginx 访问
RUN sed -i '/^user/s/apache/nginx/g' /etc/php-fpm.d/www.conf
RUN sed -i '/^group/s/apache/nginx/g' /etc/php-fpm.d/www.conf
#MySQL 数据库授权
RUN /etc/init.d/mysqld start &&\
mysql -e "grant all privileges on *.* to 'root'@'%' identified by '123456';" &&\
mysql -e "grant all privileges on *.* to 'root'@'localhost' identified by '123456';"
#添加测试页面
ADD index.php /usr/share/nginx/html/index.php
#分别开启 80 端口、443 端口、9000 端口、3306 端口
EXPOSE 80
EXPOSE 443
EXPOSE 9000
EXPOSE 3306
#复制脚本，设置权限，启动容器时启动该脚本
ADD run.sh /run.sh
RUN chmod 775 /run.sh
CMD ["/run.sh"]
```

（3）编写执行脚本内容

```
[root@localhost lnmp]# vim run.sh
#!/bin/bash
/etc/init.d/nginx start && /etc/init.d/php-fpm start && /usr/bin/mysqld_safe
```

（4）创建测试的 PHP 页面

[root@localhost lnmp]# vim index.php

```
<?php
echo date("Y-m-d H:i:s")."<br />\n";
$link=mysql_connect("localhost","root","123456");
if(!$link) echo "FAILD!";
else echo "MySQL is OK!";
  phpinfo();
?>
```

（5）生成镜像

[root@localhost lnmp]# docker build -t centos:lnmp .

（6）启动容器并验证

[root@localhost lnmp]#   docker run -d --name lnmp-test1   -P centos:lnmp
386dd670b6883e4ce2f80addce2e6d5c5b311f013e98215233530b5e652e9337

[root@localhost lnmp]#   docker ps -a

[root@localhost ~]# docker ps -a

CONTAINER ID	IMAGE	COMMAND	CREATED	STATUS	PORTS	NAMES
601287df8bae	centos:lnmp	"/run.sh"	6 seconds ago	Up 5 seconds	0.0.0.0:32825->22/tcp, 0.0.0.0:32795->80/tcp, 0.0.0.0:32823->443/tcp, 0.0.0.0:32822->3306/tcp, 0.0.0.0:32821->9000/tcp	lnmp-test1

在浏览器中返回测试 PHP 信息界面及数据库的连接情况，如图 2.4 所示。

[root@localhost lnmp]# firefox http://192.168.168.91:32795

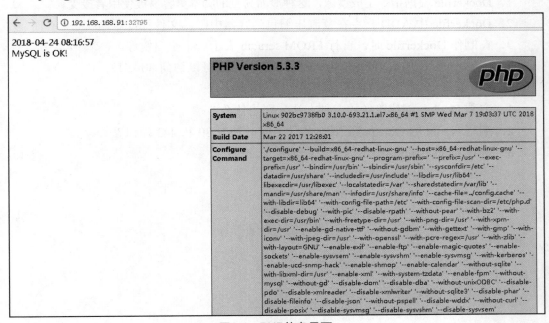

图2.4　PHP信息界面

本章小结

通过本章的学习，读者了解了 Docker 镜像的结构体系以及 Docker 容器的各种创建方法，尤其是对使用 Dockerfile 创建镜像有了比较深入的了解；掌握了更多 Docker 相关的知识。下一章中将会详细介绍 Docker 高级管理等方面的内容。

本章作业

一、选择题

1. 关于镜像的说法错误的是（　　）。
   A．Docker 镜像跟 CentOS 的 ISO 镜像一样，是单一文件
   B．Docker 镜像默认存储在 /var/lib/docker/<storage-driver> 目录中
   C．容器其实是在镜像的最上面加了一个读写层，任何改动都会写到这个读写层
   D．容器被删除了，其上的读写层也跟着被删除，文件改动将丢失

2. 关于 Dockerfile 的说法错误的是（　　）。
   A．Dockerfile 是一种被 Docker 程序解释的脚本
   B．Dockerfile 是由多条指令组成的，有自己的书写格式
   C．Dockerfile 指令跟 Linux 命令通用，可以在 Linux 下执行
   D．当有额外的定制需求时，修改 Dockerfile，重新生成镜像即可

3. 下列（　　）不属于 Dockerfile 的指令。
   A．FROM　　　　B．COPY　　　　C．MV　　　　D．VOLUME

二、判断题

1. Dockerfile 根据指令生成镜像，这种显而易见的脚本更容易被使用者接受。（　　）
2. Dockerfile 中 ADD 指令在复制压缩包到容器中时，文件保持压缩状态。（　　）
3. 在制作 Dockerfile 时，首行 FROM scratch 表示一个空白镜像。（　　）
4. Dockerfile 中的 EXPOSE 80，表示容器启动后可以访问 80 端口。（　　）

三、简答题

1. 安装 Docker 创建镜像的三种方法分别是什么？
2. 编写 Nginx 的 Dockerfile 时，为什么同时映射 80 和 443 端口？
3. 解释 Dockerfile 命令的含义：CMD["/start.sh"]。

第 3 章

Docker 高级管理

技能目标

- 掌握 Docker 网络原理
- 掌握 Compose 的安装及 YAML 文件详解
- 掌握 Docker 服务的自动注册和更新

价值目标

随着互联网和云计算技术的不断发展，服务的数量在不断增加。在网络运维的领域就意味着容器数量也需要增加，通过 Docker 的高级管理，可以有效的解决容器部署、运行及管理带来的问题。在学习这些部署及管理过程中，培养学生保持严谨的实操步骤和务实的学习态度的职业素养。

目前微服务架构正在潜移默化地改变着应用的部署方式，其提倡将应用分割成一系列细小的服务，每个服务专注于单一的业务功能，服务之间采用轻量级通信机制相互沟通。同时，数据库解决方案也在发生变化，多种持久化混合方案提倡将数据存放在最适合的数据库解决方案中，而传统的数据库解决方案则将数据存放在同一个数据库服务中。

服务数量的增加也意味着容器数量的增多，逐渐增加的容器数量为容器部署、运行及管理带来了挑战。Docker Compose 的出现解决了多个容器部署的问题并提高了多个容器解决方案的可移植性。本章将介绍 Docker 的网络通信技术及 Docker Compose 容器编排技术。

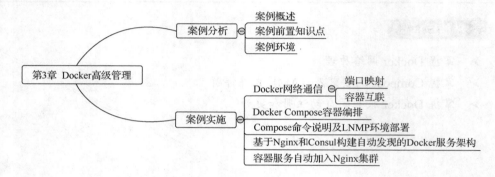

3.1 案例分析

3.1.1 案例概述

本节的案例使用 Docker 将 Consul、Consul Template、Registrator 和 Nginx 组装成一个值得信任且可扩展的服务框架，在这个框架中添加和移除服务，不需要重写任何配置，也不需要重启任何服务，一切都能正常运行。

3.1.2 案例前置知识点

1. 什么是 Docker Compose

Docker Compose 的前身是 Fig，它是一个定义及运行多个 Docker 容器的工具。使用 Docker Compose 时，只需要在一个配置文件中定义多个 Docker 容器，然后使用一条命令即可启动这些容器。Docker Compose 会通过解析容器之间的依赖关系按先后顺序启动所定义的容器。

2. 什么是 Consul

Consul 是 HashiCorp 公司推出的开源工具，用于实现分布式系统的服务发现与配置。与其他分布式服务的注册与发现方案不同，如 Airbnb 的 SmartStack 等，Consul 的方案更趋于"一站式"，其内置了服务注册与发现框架、分布式一致性协议实现、健康检查、

Key/Value 存储、多数据中心方案，不再需要依赖其他工具（例如 ZooKeeper 等），使用起来也较为简单。Consul 使用 Golang 实现，因此具有天然可移植性（支持 Linux、Windows 和 Mac OS X）；安装包仅包含一个可执行文件，方便部署，可以与 Docker 等轻量级容器无缝配合。

3.1.3 案例环境

1. 案例实验环境

本章的实验环境配置如表 3-1 所示。

表 3-1　创建 Docker Compose 及 Consul 环境

主机	操作系统	主机名/IP 地址	主要软件及版本
服务器	CentOS 7.3-x86_64	consul/192.168.168.91	Docker-ce 18.03、Compose 3、Consul、Consul-template
服务器	CentOS 7.3-x86_64	registrator/192.168.168.92	Docker-ce、registrator

2. 案例需求

本案例的需求如下所示。
（1）实现单机网络下容器与容器之间互通。
（2）使用 Docker Compose 创建容器。
（3）搭建 Consul 服务实现自动发现和更新。

3.2 案例实施

3.2.1 Docker 网络通信

Docker 提供了映射容器端口到宿主机和容器互联两种机制来为容器提供网络服务。

1. 端口映射

在启动容器的时候，如果不指定对应的端口，在容器外将无法通过网络来访问容器内的服务。端口映射机制将容器内的服务提供给外部网络访问，实质上就是将宿主机的端口映射到容器中，使得外部网络访问宿主机的端口便可访问容器内的服务。

实现端口映射，需要在运行 docker run 命令时使用-P（大写）选项，Docker 会随机映射一个端口到容器内部开放的网络端口。例如：

[root@consul ~]# docker pull httpd
[root@consul ~]# docker run -d -P httpd

24ab31d7879c3544ce540a66cbc0cccb06c8e213a3c01ca2847274d0d4abfed5

此时，使用 docker ps 命令可以看到，本机的 32768 端口被映射到了容器中的 80 端口。所以访问宿主机的 32768 端口就可以访问到容器内 Web 应用提供的界面。

[root@ consul ~]# docker ps -a
CONTAINER ID   IMAGE   COMMAND   CREATED   STATUS   PORTS   NAMES
34ec7fd9538a   httpd   "httpd-foreground"   9 seconds ago   Up 7 seconds   0.0.0.0:32768->80/tcp   happy_almeida

还可以在运行 docker run 命令时使用-p（小写）选项指定要映射的端口。例如：

[root@consul ~]# docker run -d -p 49280:80 httpd
c8b185af1e92a04927a2a8e57a47183fd9745afce224c429736ecd084c4ae657

此时，本机的 49280 端口被映射到了容器中的 80 端口。

[root@consul ~]# docker ps -a
CONTAINER ID   IMAGE   COMMAND   CREATED   STATUS   PORTS   NAMES
c8b185af1e92   httpd   "httpd-foreground"   10 seconds ago   Up 7 seconds   0.0.0.0:49280->80/tcp   backstabbing_feynman

2. 容器互联

容器互联是通过容器的名称在容器间建立一条专门的网络通信隧道。简单地说，就是会在源容器和接收容器之间建立一条隧道，接收容器可以看到源容器中指定的信息。

在运行 docker run 命令时使用--link 选项可以实现容器之间的互联通信。

命令格式：--link name：alias

其中，name 是要连接的容器名称，alias 是该连接的别名。

注意

容器互联是通过容器的名称执行的，--name 选项可以给容器创建一个友好的名称，这个名称是唯一的。

下面是使用容器互联技术实现容器间通信的步骤。

（1）创建源容器

使用 docker run 命令建立容器，使用--name 指定容器名称为 web1。

[root@consul ~]# docker run -d -P --name web1 httpd
4ca528f3d96b6979ea41aafd4a730d4984d0ca36f65ff4625e7ef26655a12f38

（2）创建接收容器

使用 docker run 命令建立容器，使用--name 指定容器名称为 web2，使用--link 指定连接容器以实现容器互联。

[root@consul ~]# docker run -d -P --name web2 --link web1:web1 httpd
9fdd921d7d24e05c76e724b0b735546ef87cec8a99321614cef6024aa9f1105e

（3）测试容器互联

最简单的检测方法是进入容器，使用 ping 命令查看容器之间是否相互连通。

[root@consul ~]# docker exec -it web2 /bin/bash

```
root@9fdd921d7d24:/usr/local/apache2## ping web1
PING web1 (172.17.0.7) 56(84) bytes of data.
64 bytes from web1 (172.17.0.7): icmp_seq=1 ttl=64 time=0.804 ms
64 bytes from web1 (172.17.0.7): icmp_seq=2 ttl=64 time=0.340 ms
^C
--- web1 ping statistics ---
2 packets transmitted, 2 received, 0% packet loss, time 1003ms
rtt min/avg/max/mdev = 0.340/0.572/0.804/0.232 ms
[root@9fdd921d7d24 /]#
```

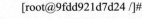

若 httpd 镜像基于 Debian 系统制作，则不存在 ping 命令，需执行如下命令进行安装：
apt-get update && apt install iputils-ping

此时，可以看到容器 web2 与容器 web1 已经建立了互联关系。Docker 在两个互联的容器之间创建了一条安全隧道，并且不用映射它们的端口到宿主机上，从而避免暴露端口到外部网络。

3.2.2　Docker Compose 容器编排

Compose 是 Docker 的服务编排工具，主要用来构建基于 Docker 的复杂应用。Compose 通过一个配置文件管理多个 Docker 容器，非常适合于组合多个容器进行开发的场景。

1．Docker Compose 环境的安装

下载最新版 docker-compose 文件的命令：

```
[root@consul ~]# curl -L https://github.com/docker/compose/releases/download/1.21.1/docker-compose-`uname -s`-`uname -m` -o /usr/local/bin/docker-compose
[root@consul ~]# chmod +x /usr/local/bin/docker-compose
[root@consul ~]# docker-compose -v
docker-compose version 1.21.1, build 5a3f1a3
```

2．文件格式及编写注意事项

YAML 是一种标记语言，它可以很直观地展示数据序列化格式，可读性高。类似于 XML，YAML 的语法比 XML 的语法简单得多。YAML 的数据结构通过缩进表示，连续的项目通过减号表示，键值对用冒号分隔，数组用中括号（[]）括起来，hash 用花括号（{}）括起来。

使用 YAML 时需要注意如下事项。

（1）不支持使用制表符 Tab 键缩进，需要使用空格缩进。

（2）通常开头缩进两个空格。

（3）字符后缩进一个空格，如冒号、逗号、横杠。

（4）用#号注释。

（5）如果包含特殊字符，要使用单引号（''）引起来。

（6）布尔值（true、false、yes、no、on、off）必须用双引号（""）括起来，这样分

析器才会将它们解释为字符串。

3. 配置的常用字段

表 3-2 是配置的常用字段描述表。

表 3-2 配置的常用字段描述表

字段	描述
build	指定 Dockerfile 文件名
dockerfile	构建镜像上下文路径
context	可以是 dockerfile 的路径，或者是指向 git 仓库的 url 地址
image	指定镜像
command	执行命令，覆盖默认命令
container name	指定容器名称。由于容器名称是唯一的，如果指定自定义名称，则无法使用 scale 命令（见表 3-3）
deploy	指定部署和运行服务相关配置，只能在 Swarm 模式使用
environment	添加环境变量
networks	加入网络
ports	暴露容器端口，与 -p 相同，但端口不能低于 60
volumes	挂载宿主机路径或命令卷
restart	重启策略，默认值为 no，可选值有 always、no-failure、unless-stoped
hostname	容器主机名

4. Docker Compose 常用命令

表 3-3 是 Docker Compose 常用命令描述表。

表 3-3 Docker Compose 常用命令描述表

字段	描述
build	重新构建服务
ps	列出容器
up	创建和启动容器
exec	在容器里面执行命令
scale	指定一个服务容器的启动数量
top	显示容器进程
logs	查看容器输出
down	删除容器、网络、数据卷和镜像
stop/start/restart	停止/启动/重启服务

5. docker-compose 文件结构

通过下面的示例，了解 docker-compose 文件结构。

```
[root@consul ~]# mkdir compose_lnmp
[root@consul ~]# cd compose_lnmp
[root@localhost compose_lnmp]# vim docker-compose.yml
version: '3'
services:
  nginx:
    hostname: nginx
    build:
      context: ./nginx
      dockerfile: Dockerfile
    ports:
      - 81:80
    networks:
      - lnmp
    volumes:
      - ./wwwroot:/usr/local/nginx/html

  php:
    hostname: php
    build:
      context: ./php
      dockerfile: Dockerfile
    networks:
      - lnmp
    volumes:
      - ./wwwroot:/usr/local/nginx/html

  mysql:
    hostname: mysql
    image: mysql:5.6
    ports:
       - 3306:3306
    networks:
      - lnmp
    volumes:
       - ./mysql/conf:/etc/mysql/conf.d
       - ./mysql/data:/var/lib/mysql
    command: --character-set-server=utf8
    environment:
      MYSQL_ROOT_PASSWORD: 123456
      MYSQL_DATABASE: wordpress
```

                    MYSQL_USER: user
                    MYSQL_PASSWORD: user123
            networks:
                lnmp:

3.2.3 Compose 命令说明及 LNMP 环境部署

Compose 的多数命令都可以运行在一个或多个服务上。如果没有特别说明，命令可以应用在项目的所有服务上。执行 docker-compose [COMMAND]--help 命令可以查看具体某个命令的使用说明。

1. 基本的使用格式

docker-compose [options] [COMMAND] [ARGS...]

2. docker-compose 选项

➢ --verbose：输出更多调试信息。

➢ --version：打印版本并退出。

➢ -f, --file：file 指定使用特定的 compose 模板文件，默认为 docker-compose.yml。

➢ -p, --project-name：name 指定项目名称。默认使用目录名称。

3. 创建 LNMP 环境

（1）查看 LNMP 环境目录结构。

[root@consul compose_lnmp]# tree .

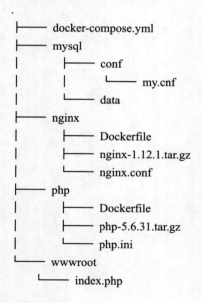

6 directories, 9 files

（2）使用 docker-compose 构建 LNMP 环境在后台运行。构建 LNMP 环境需要一段时间，请耐心等待！

[root@consul compose_lnmp]# docker-compose -f docker-compose.yml up -d
Creating network "compose_lnmp_lnmp" with the default driver

```
Building nginx
Step 1/10 : FROM centos:7
7: Pulling from library/centos
7dc0dca2b151: Pull complete
Digest: sha256:b67d21dfe609ddacf404589e04631d90a342921e81c40aeaf3391f6717fa5322
Status: Downloaded newer image for centos:7
  ---> 49f7960eb7e4
Step 2/10 : MAINTAINER www.kgc.cn
  ---> Running in 43a5fb917bba
Removing intermediate container 43a5fb917bba
  ---> 47f4a6ccb11d
Step 3/10 : RUN yum install -y gcc gcc-c++ make openssl-devel pcre-devel
  ---> Running in 611c06a87fb7
…//省略部分
Digest: sha256:0267b9b43034ed630e94f846ca825140994166c6c7d39d43d4dbe8d1404e1129
Status: Downloaded newer image for mysql:5.6
Creating compose_lnmp_nginx_1 ... done
Creating compose_lnmp_php_1   ... done
Creating compose_lnmp_mysql_1 ... done
```

（3）查看 LNMP 环境的容器。

```
[root@consul compose_lnmp]# docker-compose ps
       Name                    Command               State           Ports
---------------------------------------------------------------------------------------
compose_lnmp_mysql_1   docker-entrypoint.sh --cha ...   Up      0.0.0.0:3306->3306/tcp
compose_lnmp_nginx_1   ./sbin/nginx -g daemon off;      Up      0.0.0.0:81->80/tcp
compose_lnmp_php_1     ./sbin/php-fpm -c /usr/loc ...   Up      9000/tcp
```

（4）验证 docker-compose 创建的 LNMP 环境。

在客户端使用浏览器验证 docker-compose 创建的 LNMP 环境，如图 3.1 所示。

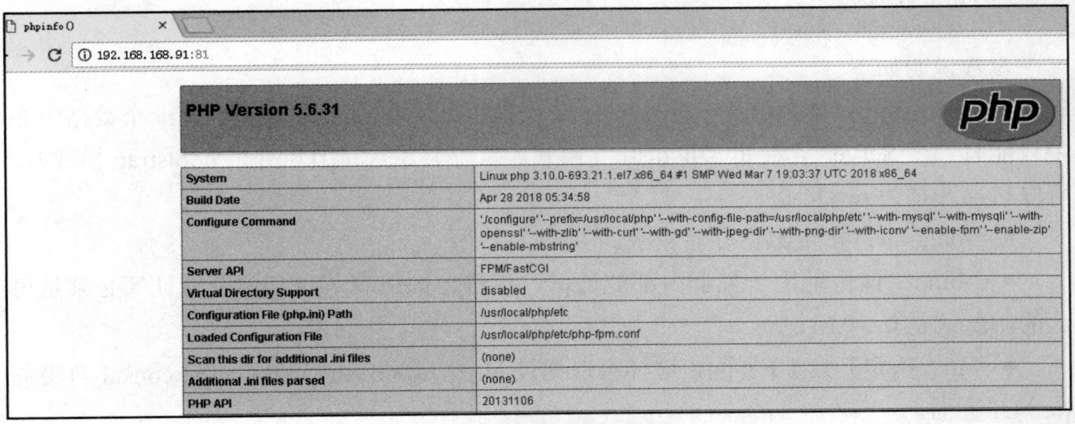

图3.1　验证LNMP环境

注意

如果访问时报错信息为"Access denined.",需手动进入 Nginx 容器添加读权限。

[root@nginx ~]# chmod 644 /usr/local/nginx/html/index.php

3.2.4 基于 Nginx 和 Consul 构建自动发现的 Docker 服务架构

1. 建立 Consul 服务

要想利用 Consul 提供的服务实现服务的注册与发现,需要先建立 Consul 服务。在 Consul 方案中,每个提供服务的节点都要部署和运行 Consul 的代理。所有运行 Consul 代理节点的集合构成 Consul 集群。Consul 代理有两种运行模式:Server 和 Client。这里的 Server 和 Client 只是 Consul 集群层面的区分,与搭建在 Cluster 之上的应用服务无关。以 Server 模式运行的 Consul 代理节点用于维护 Consul 集群的状态,官方建议每个 Consul 集群至少要有 3 个或 3 个以上运行在 Server 模式的代理,Client 节点则不限。

```
[root@consul ~]# mkdir consul
[root@consul ~]# cd consul/
```

将 consul 压缩包上传到/root/consul 目录下:

```
[root@consul consul]# unzip consul_0.9.2_linux_amd64.zip
[root@consul consul]# mv consul /usr/bin/
[root@consul ~]# consul agent \
> -server \
> -bootstrap \
> -ui \
> -data-dir=/var/lib/consul-data \
> -bind=192.168.168.91 \
> -client=0.0.0.0 \
> -node=consul-server01
```

参数说明如下。

- -bootstrap:用来控制一个 Server 节点是否处于 bootstrap 模式。在一个数据中心中只能有一个 Server 节点处于 bootstrap 模式。当一个 Server 节点处于 bootstrap 模式时,可以自己选举为 raft leader。

- -data-dir:指定数据存储目录。

- -bind:该地址用于集群内部的通信,集群内的所有节点到这个地址都必须是可达的,默认是 0.0.0.0。

- -ui:指定开启 UI 界面,这样可以通过 http://localhost:8500/ui 访问 consul 自带的 web UI 界面。

- -client:指定 consul 绑定在哪个 Client 节点上,通常提供 HTTP、DNS、RPC 等

服务，默认是 127.0.0.1。
- -node：指定节点在集群中的名称。这个名称在一个集群中必须是唯一的，默认是节点的主机名。

//放到后台命令启动

[root@consul ~]# nohup consul agent -server -bootstrap -ui -data-dir=/var/lib/consul-data -bind=192.168.168.91 -client=0.0.0.0 -node=consurl-server01 &>/var/log/consul.log &

安装 Consul 用于服务注册，也就是将容器本身的一些信息注册到 Consul 里，其他程序可以通过 Consul 获取注册的相关服务信息，这就是服务注册与发现。

2. 查看集群信息

```
[root@ consul ~]# consul members
Node              Address                Status  Type    Build  Protocol  DC
consul-server01   192.168.168.91:8301    alive   server  0.9.2  2         dc1
[root@ consul ~]# consul info | grep leader
        leader = true
        leader_addr = 192.168.168.91:8300
```

3. 通过 http api 获取集群信息

[root@ consul ~]# curl 127.0.0.1:8500/v1/status/peers　　　　//查看集群 Server 成员
[root@ consul ~]# curl 127.0.0.1:8500/v1/status/leader　　　 //集群 raft leader
[root@ consul ~]# curl 127.0.0.1:8500/v1/catalog/services　　//注册的所有服务
[root@ consul ~]# curl 127.0.0.1:8500/v1/catalog/nginx　　　 //查看 nginx 服务信息
[root@ consul ~]# curl 127.0.0.1:8500/v1/catalog/nodes　　　 //集群节点详细信息

3.2.5　容器服务自动加入 Nginx 集群

1. 安装 Gliderlabs/Registrator

Gliderlabs/Registrator 可检查容器运行状态并自动注册，还可注销 docker 容器的服务到服务配置中心。目前支持 Consul、Etcd 和 SkyDNS2。

在 192.168.168.92 节点执行以下操作：

```
[root@registrator ~]# docker run -d \
> --name=registrator \
> --net=host \
> -v /var/run/docker.sock:/tmp/docker.sock \
> --restart=always \
> gliderlabs/registrator:latest \
> -ip=192.168.168.92 \
> consul://192.168.168.91:8500
```

2. 测试服务发现功能是否正常

[root@registrator ~]# docker run -itd -p:83:80 --name test-01 -h test01 nginx
[root@registrator ~]# docker run -itd -p:84:80 --name test-02 -h test02 nginx
[root@registrator ~]# docker run -itd -p:88:80 --name test-03 -h test03 httpd
[root@registrator ~]# docker run -itd -p:89:80 --name test-04 -h test04 httpd

3. 验证 httpd 和 nginx 服务是否注册到 Consul

在浏览器输入 http://192.168.168.91:8500，单击 NODES，然后单击 consurl-server01，会出现 5 个服务，如图 3.2 所示。

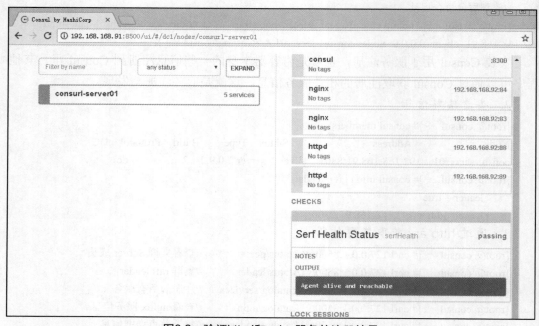

图3.2　验证httpd和nginx服务的注册结果

```
[root@consul ~]#   curl 127.0.0.1:8500/v1/catalog/services
{"consul":[],"httpd":[],"nginx":[]}
```

从结果看，httpd 和 nginx 服务已经注册到 Consul 里面，说明服务正常。

4. 安装 Consul-Template

Consul-Template 是基于 Consul 的自动替换配置文件的应用。在 Consul-Template 没出现之前，构建服务大多采用的是与 ZooKeeper、Etcd+Confd 类似的系统。

Consul-Template 是一个守护进程，用于实时查询 Consul 集群的信息，并更新文件系统上任意数量的指定模板，生成配置文件。更新完成以后，可以选择运行 shell 命令执行更新操作，重新加载 Nginx。

Consul-Template 可以查询 Consul 中的服务目录、Key、Key-values 等。这种强大的抽象功能和查询语言模板使 Consul-Template 特别适合动态地创建配置文件。例如，创建 Apache/Nginx Proxy Balancers、Haproxy Backends、Varnish Servers、Application Configurations 等。

5. 准备 Nginx 模板文件

在 192.168.168.91 上执行以下操作：

```
[root@consul ~]# vim /root/consul/nginx.ctmpl
upstream http_backend {
        {{range service "nginx"}}
```

```
            server {{ .Address }}:{{ .Port }};
         {{ end }}
}

server {
    listen 83;
    server_name localhost 192.168.168.91;
    access_log   /var/log/nginx/kgc.cn-access.log;
    index index.html index.php;
    location / {
        proxy_set_header HOST $host;
        proxy_set_header X-Real-IP $remote_addr;
        proxy_set_header Client-IP $remote_addr;
        proxy_set_header X-Forwarded-For $proxy_add_x_forwarded_for;
        proxy_pass http://http_backend;
    }
}
```

6．编译安装 Nginx

手动上传 nginx-1.12.0.tar.gz 包到/root 目录下。

[root@consul ~]# yum install gcc pcre-devel zlib-devel -y

[root@consul ~]# tar zxvf nginx-1.12.0.tar.gz

[root@consul ~]# cd nginx-1.12.0

[root@consul nginx-1.12.0]# ./configure --prefix=/usr/local/nginx

[root@consul nginx-1.12.0]# make

[root@consul nginx-1.12.0]# make install

7．配置 Nginx

[root@consul ~]#vim /usr/local/nginx/conf/nginx.conf

include vhost/*.conf; //在 http 段里面添加虚拟主机目录

[root@consul ~]#mkdir /usr/local/nginx/conf/vhost/

[root@consul ~]#usr/local/nginx/sbin/nginx

8．配置并启动 template 服务

手动上传 consul-template_0.19.3_linux_amd64.zip 包到/root 目录下。

[root@consul ~]# unzip consul-template_0.19.3_linux_amd64.zip

[root@consul ~]# mv consul-template /usr/bin/

在前台启动 template 服务，启动后不要按 Ctrl+C 组合键终止。

[root@consul ~]# consul-template -consul-addr 192.168.168.91:8500 -template "/root/consul/nginx.ctmpl:/usr/local/nginx/conf/vhost/kgc.conf:/usr/local/nginx/sbin/nginx -s reload" --log-level=info

2018/07/11 03:51:27.198429 [INFO] consul-template v0.19.3 (ebf2d3d)

2018/07/11 03:51:27.198461 [INFO] (runner) creating new runner (dry: false, once: false)

2018/07/11 03:51:27.199222 [INFO] (runner) creating watcher

2018/07/11 03:51:27.200185 [INFO] (runner) starting

2018/07/11 03:51:27.200212 [INFO] (runner) initiating run

2018/07/11 03:51:27.238837 [INFO] (runner) initiating run
2018/07/11 03:51:27.279522 [INFO] (runner) rendered "/root/consul/nginx.ctmpl" => "/usr/local/nginx/conf/vhost/kgc.conf"
2018/07/11 03:51:27.279582 [INFO] (runner) executing command "/usr/local/nginx/sbin/nginx -s reload" from "/root/consul/nginx.ctmpl" => "/usr/local/nginx/conf/vhost/kgc.conf"
2018/07/11 03:51:27.279830 [INFO] (child) spawning: /usr/local/nginx/sbin/nginx -s reload

需要指定 template 模板文件及生成路径，生成的配置文件如下：

[root@consul ~]# cat /usr/local/nginx/conf/vhost/kgc.conf
upstream http_backend {

　　server 192.168.168.92:84;

　　server 192.168.168.92:83;

}
server {
　　listen 83;
　　server_name localhost 192.168.168.91;
　　access_log   /var/log/nginx/kgc.cn-access.log;
　　index index.html index.php;
　　location / {
　　　　proxy_set_header HOST $host;
　　　　proxy_set_header X-Real-IP $remote_addr;
　　　　proxy_set_header Client-IP $remote_addr;
　　　　proxy_set_header X-Forwarded-For $proxy_add_x_forwarded_for;
　　　　proxy_pass http://http_backend;
　　}
}

9. 访问 template-nginx 配置文件

通过访问 template-nginx 配置文件中 Nginx 监听的 83 端口，可以看到访问成功，如图 3.3 所示。

图3.3　成功访问Nginx界面

10. 增加一个 Nginx 容器节点

增加一个 Nginx 容器节点，测试服务发现及配置更新功能。

[root@registrator ~]# docker run -itd -p:85:80 --name test-05 -h test05 nginx

（1）观察 template 服务，从模板更新 /usr/local/nginx/conf/vhost/kgc.conf 文件，并且重载 nginx 服务。

2018/07/11 05:27:28.580888 [INFO] (runner) initiating run

2018/07/11 05:27:28.609525 [INFO] (runner) rendered "/root/consul/nginx.ctmpl" => "/usr/local/nginx/conf/vhost/kgc.conf"

2018/07/11 05:27:28.609595 [INFO] (runner) executing command "/usr/local/nginx/sbin/nginx -s reload" from "/root/consul/nginx.ctmpl" => "/usr/local/nginx/conf/vhost/kgc.conf"

2018/07/11 05:27:28.609788 [INFO] (child) spawning: /usr/local/nginx/sbin/nginx -s reload

（2）查看 /usr/local/nginx/conf/vhost/kgc.conf 文件的内容。

[root@consul ~]# cat /usr/local/nginx/conf/vhost/kgc.conf
upstream http_backend {

  server 192.168.168.92:83;

  server 192.168.168.92:84;

  server 192.168.168.92:85;

}
......//省略部分

（3）查看三台 Nginx 容器的日志，请求能正常轮询到各个容器节点上。

[root@registrator ~]# docker logs -f test-01

192.168.168.91 - - [11/Jul/2018:05:14:40 +0000] "GET / HTTP/1.0" 200 612 "-" "Mozilla/5.0 (X11; Linux x86_64; rv:45.0) Gecko/20100101 Firefox/45.0" "192.168.168.91"

192.168.168.91 - - [11/Jul/2018:05:14:41 +0000] "GET / HTTP/1.0" 200 612 "-" "Mozilla/5.0 (X11; Linux x86_64; rv:45.0) Gecko/20100101 Firefox/45.0" "192.168.168.91"

192.168.168.91 - - [11/Jul/2018:05:14:44 +0000] "GET / HTTP/1.0" 200 612 "-" "Mozilla/5.0 (X11; Linux x86_64; rv:45.0) Gecko/20100101 Firefox/45.0" "192.168.168.91"

[root@registrator ~]# docker logs -f test-02

192.168.168.91 - - [11/Jul/2018:05:14:39 +0000] "GET / HTTP/1.0" 200 612 "-" "Mozilla/5.0 (X11; Linux x86_64; rv:45.0) Gecko/20100101 Firefox/45.0" "192.168.168.91"

192.168.168.91 - - [11/Jul/2018:05:14:41 +0000] "GET / HTTP/1.0" 200 612 "-" "Mozilla/5.0 (X11; Linux x86_64; rv:45.0) Gecko/20100101 Firefox/45.0" "192.168.168.91"

192.168.168.91 - - [11/Jul/2018:05:14:43 +0000] "GET / HTTP/1.0" 200 612 "-" "Mozilla/5.0 (X11; Linux x86_64; rv:45.0) Gecko/20100101 Firefox/45.0" "192.168.168.91"

[root@registrator ~]# docker logs -f test-05

192.168.168.91 - - [11/Jul/2018:05:45:11 +0000] "GET / HTTP/1.0" 200 612 "-" "Mozilla/5.0 (X11; Linux x86_64; rv:45.0) Gecko/20100101 Firefox/45.0" "192.168.168.91"

192.168.168.91 - - [11/Jul/2018:05:45:11 +0000] "GET / HTTP/1.0" 200 612 "-" "Mozilla/5.0 (X11; Linux x86_64; rv:45.0) Gecko/20100101 Firefox/45.0" "192.168.168.91"

192.168.168.91 - - [11/Jul/2018:05:45:12 +0000] "GET / HTTP/1.0" 200 612 "-" "Mozilla/5.0 (X11; Linux x86_64; rv:45.0) Gecko/20100101 Firefox/45.0" "192.168.168.91"

本章小结

通过本章的学习，读者掌握了通过端口映射和容器互联的方式实现 Docker 的网络通信，同时对 Docker Compose 容器的编排技术有所了解，并且利用 Consul 提供的服务实现服务的注册与发现。下一章中将会详细介绍 Docker 私有仓库部署等内容。

本章作业

一、选择题

1．Docker 通过-P 映射端口时，会随机映射一个（　　）范围内的端口到容器开放的端口上。

　　A．32768～65535　　　　　　　　　B．49000～49900

　　C．32768～61000　　　　　　　　　D．40090～49000

2．关于 Docker 端口映射正确的是（　　）。

　　A．容器创建的时候，-p 只可使用一次，一个容器绑定一个端口

　　B．映射 udp 端口的时候，可以采用以下方式：–p 5000:5000/udp

　　C．-p 4000:5000 表示将宿主机上的 5000 端口映射到容器的 4000 端口

　　D．可以使用 docker logs 来查看具体的端口映射情况

3．关于 Docker 容器互联--link 说法错误的是（　　）。

　　A．容器互联是在容器间建立的一条专门的网络通信隧道

　　B．容器互联的命令格式为：--link 源容器名:目的容器名

　　C．容器互联是通过容器的名称来执行的

　　D．接收容器可以看到源容器指定的信息

二、判断题

1．Docker 中-p 参数可以指定映射的端口，一个指定的端口上可以绑定内部多个容器。（　　）

2．Docker 目前不推荐使用--link 的方式进行容器互联，而是建议建立同一自定义网络下的容器互联的方式。（　　）

3．Docker-compose 是通过 Dockerfile 来管理多个 Docker 容器的。（　　）

4．Registrator 可检查容器运行状态后自动注册，还可注销 docker 容器的服务到配置中心。（　　）

三、简答题

1．容器互联的作用是什么？

2．Docker Compose 适用于什么场景？

3．Consul Agent 的两种运行模式分别是什么？

第 4 章

Docker 私有仓库部署和管理

技能目标

- ➢ 掌握 Harbor 工作原理
- ➢ 掌握 Harbor 安装部署
- ➢ 掌握 Harbor 日常操作管理

价值目标

我们正处于一个大安全时代。Docker 私有仓储部署和管理对网络安全十分重要,网络安全已经不仅仅是网络本身的安全,更是国家安全、社会安全、基础设施安全、城市安全、人身安全等更广泛意义上的安全。Docker 私有仓储部署和管理,培养学生在实际的工作中要具备确保国家和社会的网络安全的意识和方法。

Docker 官方镜像仓库是一个管理公共镜像的地方，用户可以在上面找到自己想要的镜像，也可以把自己的镜像推送上去。但是，有时候服务器无法访问互联网，或者用户不希望将自己的镜像放到互联网上，就需要用到 Docker Registry 私有仓库，它用来存储和管理用户自己的镜像。本章将介绍 Docker 的网络通信技术及 Docker Compose 容器编排技术。

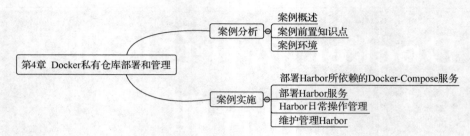

4.1 案例分析

4.1.1 案例概述

创鑫公司提出了一个新需求，将项目全部打包成镜像部署到私有仓库，经过几轮商讨，最终选择了 Docker Harbor。Docker Harbor 具有可视化的 Web 管理界面，可以方便地管理 Docker 镜像，并且提供了多个项目的镜像权限管理控制功能等。

4.1.2 案例前置知识点

1. 什么是 Harbor

Harbor 是 VMware 公司开源的企业级 Docker Registry 项目，其目标是帮助用户迅速搭建一个企业级的 Docker Registry 服务。它以 Docker 公司开源的 Registry 为基础，提供了管理 UI、基于角色的访问控制（Role Based Access Control）、AD/LDAP 集成以及审计日志（Audit logging）等满足企业用户需求的功能。通过添加一些企业必需的功能特性，例如安全、标识和管理等，扩展了开源 Docker Registry。作为一个企业级私有 Registry 服务器，Harbor 提供了更好的性能和安全性，以提升用户使用 Registry 构建和运行环境传输镜像的效率。

2. Harbor 的优势

Harbor 具有如下优势。

（1）基于角色控制：用户和仓库都是基于项目进行组织的，用户在项目中可以拥有不同的权限。

（2）基于镜像的复制策略：镜像可以在多个 Harbor 实例之间复制（同步），适用于负载平衡、高可用性、多数据中心、混合和多云的场景。

（3）支持 LDAP/AD：Harbor 与现有的企业 LDAP/ADA 集成，用于用户认证和管理。

（4）删除图像和收集垃圾：镜像可以删除，镜像占用的空间也可以回收。
（5）图形 UI：用户可以轻松地浏览、搜索镜像仓库以及对项目进行管理。
（6）审计：对存储库的所有操作都能进行记录。
（7）RESTful API：提供可用于大多数管理操作的 RESTful API，易于与外部系统集成。

3. Harbor 的架构

Harbor 在架构上主要由五个组件构成，如图 4.1 所示。

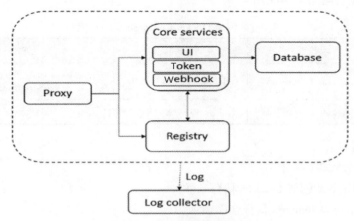

图4.1　Harbor架构原理图

对各组件说明如下。

（1）Proxy：Harbor 的 Registry、UI、Token 等服务通过一个前置的反向代理统一接收浏览器和 Docker 客户端的请求，并将请求转发给后端的不同服务。

（2）Registry：负责存储 Docker 镜像并处理 Docker push/pull 命令。由于要对用户进行访问控制，即不同用户对 Docker 镜像有不同的读写权限，Registry 会指向一个 Token 服务，强制用户的每次 Docker pull/push 请求都要携带一个合法的 Token，Registry 会通过公钥对 Token 进行解密验证。

（3）Core services：这是 Harbor 的核心功能，主要提供以下服务。

• UI（Harbor-ui）：图形化界面，帮助用户管理 Registry 上的镜像（image）并对用户进行授权。

• Webhook：为了及时获取 Registry 上镜像状态的变化情况，在 Registry 上配置 Webhook，把状态变化传递给 UI 模块。

• Token：负责根据用户权限给每个 Docker push/pull 命令签发 Token。Docker 客户端向 Registry 服务发起的请求如果不包含 Token，会被重定向，获得 Token 后再重新向 Registry 发起请求。

（4）Database（Harbor-db）：为 Core services 提供数据库服务，负责存储用户权限、审计日志、Docker 镜像分组信息等数据。

（5）Log collector（Harbor-log）：监控 Harbor 运行，负责收集其他组件的 Log，供日后分析使用，如图 4.1 所示。

Harbor 的每个组件都是以 Docker 容器的形式构建的，因此，使用 Docker Compose 对它们进行部署。

4.1.3 案例环境

1. 本案例实验环境

本案例实验环境如表 4-1 所示。

表 4-1 创建 Docker Compose 实验环境

主机用途	操作系统	主机名/IP 地址	主要软件及版本
服务端	Centos 7.3-x86_64	Harbor/192.168.168.91	docker-ce 18.03、docker-compose、harbor-offline-v1.1.2
客户端	Centos 7.3-x86_64	client/192.168.168.92	docker-ce 18.03

2. 案例需求

本案例的需求如下所示。

（1）通过 Harbor 创建 Docker 私有仓库。

（2）图形化管理 Docker 私有仓库镜像。

3. 案例实现思路

案例实现思路如下。

（1）部署 Docker Compose。

（2）部署 Harbor 服务。

（3）通过 Harbor 管理上传的私有镜像。

（4）维护 Harbor。

4.2 案例实施

4.2.1 部署 Harbor 所依赖的 Docker-Compose 服务

1. 下载最新 Docker-Compose

[root@Harbor ~]# curl -L https://github.com/docker/compose/releases/download/1.21.1/docker-compose-`uname -s`-`uname -m` -o /usr/local/bin/docker-compose

[root@Harbor ~]# chmod +x /usr/local/bin/docker-compose

2. 查看 Docker-Compose 版本

[root@Harbor ~]# docker-compose -v

docker-compose version 1.21.1, build 5a3f1a3

4.2.2 部署 Harbor 服务

Harbor 被部署为多个 Docker 容器，因此可以部署在任何支持 Docker 的 Linux 发行版本上。服务端主机需要安装 Python、Docker 和 Docker Compose。

1. 下载 Harbor 安装程序

[root@Harbor ~]# wget http:// harbor.orientsoft.cn/harbor-1.2.2/harbor-offline-installer-v1.2.2.tgz
[root@Harbor ~]# tar xvf harbor-offline-installer-v1.2.2.tgz   -C /usr/local/

2. 配置 Harbor 参数文件

配置参数位于/usr/local/harbor/harbor.cfg 文件中。安装之前需要修改 IP 地址。
vim /usr/local/harbor/harbor.cfg
hostname = 192.168.168.91
在 harbor.cfg 配置文件中有两类参数：所需参数和可选参数。

（1）所需参数：这些参数需要在配置文件 Harbor.cfg 中设置。如果用户更新它们并运行 install.sh 脚本重新安装 Harbor，参数将生效。具体参数如下：

- hostname：用于访问用户界面和 register 服务，应该是目标机器的 IP 地址或完全限定的域名（FQDN），例如 192.168.168.91 或 hub.kgc.cn，不要使用 localhost 或 127.0.0.1 作为主机名。
- ui_url_protocol：用于访问 UI 和令牌/通知服务的协议（http 或 https，默认为 http）。如果 SSL 证书申请处于启用状态，则此参数必须为 https。
- max_job_workers：镜像复制作业线程。
- db_password：用于 db_auth 的 MySQL 数据库 root 用户的密码。
- customize_crt：该属性可设置为打开或关闭，默认为打开。此属性设置为打开时，准备脚本创建私钥和根证书，用于生成/验证注册表令牌。当由外部来源提供密钥和根证书时，将此属性设置为关闭。
- ssl_cert：SSL 证书的路径，仅当协议设置为 https 时才可用。
- ssl_cert_key：SSL 密钥的路径，仅当协议设置为 https 时才可用。
- secretkey_path：用于在复制策略中加密或解密远程 register 密码的密钥路径。

（2）可选参数：这些参数对于更新是可选的，即用户可以将其保留为默认值，并在启动 Harbor 后在 Web UI 上进行更新。如果进入 Harbor.cfg，只会在第一次启动 Harbor 时生效，随后对这些参数的更新将被忽略。

 注意

如果选择通过 UI 来设置这些参数，请确保在启动 Harbor 后立即执行此操作。具体来说，必须在注册之前或在 Harbor 中创建任何新用户之前设置所需的 auth_mode。当系统中有用户时（除了默认的 admin 用户），不能修改 auth_mode。
具体参数如下：

- Email：Harbor 需要该参数向用户发送"密码重置"电子邮件，并且只有在需要该功能时才提供。请注意，在默认情况下 SSL 连接没有启用。如果 SMTP 服务器需要 SSL，但不支持 STARTTLS，应该通过设置启用 SSL email_ssl = TRUE。

- harbor_admin_password：管理员的初始密码，只在 Harbor 第一次启动时生效。之后，此设置将被忽略，并且应在 UI 中设置管理员的密码。请注意，默认的用户名/密码是 admin/Harbor12345。
- auth_mode：使用的认证类型，默认情况下是 db_auth，即凭据存储在数据库中。对 LDAP 身份验证，可将其设置为 ldap_auth。
- self_registration：启用/禁用用户注册功能。禁用时，新用户只能由 Admin 用户创建，即只有管理员用户可以在 Harbor 中创建新用户。注意：当 auth_mode 设置为 ldap_auth 时，自注册功能将始终处于禁用状态，并且该标志被忽略。
- token_expiration：由令牌服务创建的令牌的到期时间（以分钟为单位），默认为 30 分钟。
- project_creation_restriction：用于控制哪些用户有权创建项目的标志。默认情况下，每个人都可以创建一个项目。如果将其值设置为 adminonly，那么只有 Admin 用户可以创建项目。
- verify_remote_cert：该属性可设置为打开或关闭，默认为打开，它决定了当 Harbor 与远程 register 实例通信时是否验证 SSL/TLS 证书。此属性设置为关闭，将绕过 SSL/TLS 验证，这在远程实例具有自签名或不可信证书时经常使用。

另外，默认情况下，Harbor 将镜像存储在本地文件系统上。在生产环境中，可以考虑使用其他存储后端而不是本地文件系统，如 S3、Openstack Swif、Ceph 等。但需要更新 common/templates/registry/config.yml 文件。

3. 启动 Harbor

配置完成就可以启动 Harbor 了，操作如下：

```
[root@Harbor harbor]# sh /usr/local/harbor/install.sh
```

4. 查看 Harbor 启动镜像

查看 Harbor 启动镜像，如下所示：

```
[root@Harbor harbor]# docker-compose ps
     Name                   Command                State                Ports
------------------------------------------------------------------------------------------
Harbor-adminserver   /Harbor/Harbor_adminserver    Up
Harbor-db            docker-entrypoint.sh mysqld   Up     3306/tcp
Harbor-jobservice    /Harbor/Harbor_jobservice     Up
Harbor-log           /bin/sh -c crond && rm -f ... Up     127.0.0.1:1514->514/tcp
Harbor-ui            /Harbor/Harbor_ui             Up
nginx                nginx -g daemon off;          Up     0.0.0.0:443->443/tcp, 0.0.0.0:4443->
                                                         4443/tcp, 0.0.0.0:80->80/tcp
registry             /entrypoint.sh serve /etc/... Up     5000/tcp
```

如果一切都正常，可以打开浏览器访问 http://192.168.168.91 的管理页面，默认的管理员用户名和密码分别是 admin 和 Harbor12345。若出现如图 4.2 所示界面，说明部署成功。

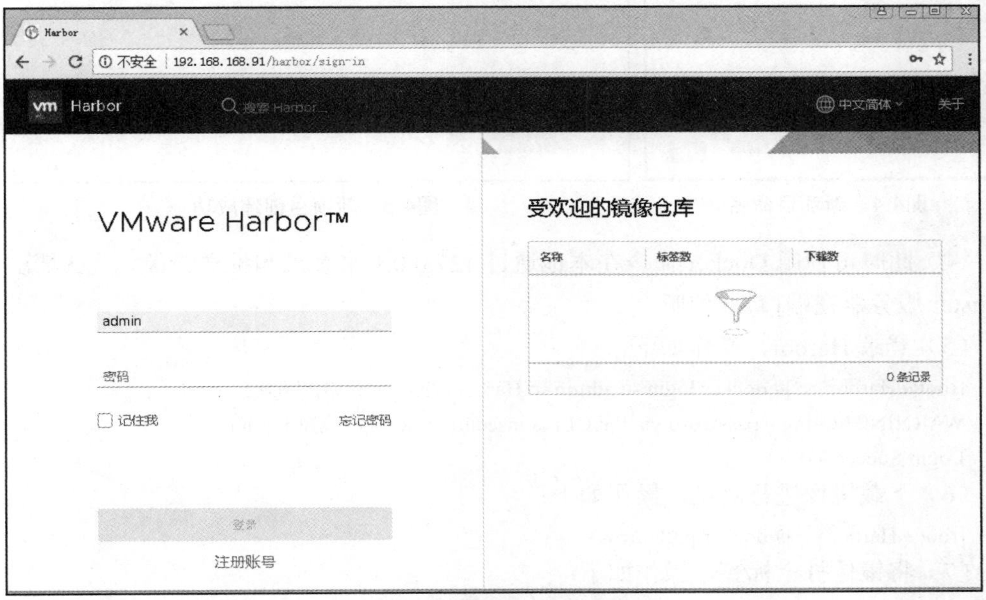

图4.2　Web管理登录界面

至此，Harbor 搭建完成，后续操作可在 Web 界面进行。

5．创建一个新项目

在 Web 界面创建新项目的操作步骤如下。

（1）输入用户名和密码，登录界面后可以创建一个新项目。单击"+项目"按钮，如图 4.3 所示。

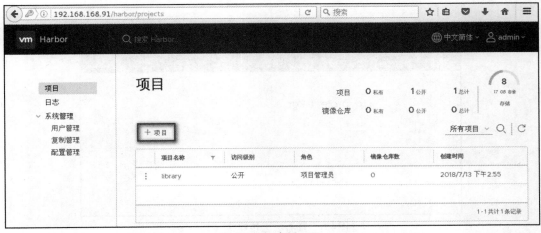

图4.3　创建新项目

（2）将项目名称命名为 myproject-kgc，如图 4.4 所示。

（3）单击"确定"按钮，成功创建新项目后，页面效果如图 4.5 所示。

图4.4　新项目命名

图4.5　新项目创建成功

（4）此时可使用 Docker 命令在本地通过 127.0.0.1 来登录和推送镜像。默认情况下，Register 服务器在端口 80 侦听。

（5）登录 Harbor，操作如下：

[root@Harbor ~]# docker login -u admin -p Harbor12345 http://127.0.0.1
WARNING! Using --password via the CLI is insecure. Use --password-stdin.
Login Succeeded

（6）下载镜像进行测试，操作如下：

[root@Harbor ~]# docker pull cirros

（7）将镜像打上标签，操作如下：

[root@Harbor ~]# docker tag cirros 127.0.0.1/myproject-kgc/cirros:v1

（8）上传镜像到 Harbor，操作如下：

[root@Harbor ~]# docker push 127.0.0.1/myproject-kgc/cirros:v1
The push refers to repository [127.0.0.1/myproject-kgc/cirros]
30063a215fed: Pushed
97ff63f27246: Pushed
f70e23dbea2d: Pushed
v1: digest: sha256:3fd64cb391e075e9e7335392aaa89d18029aafe5ca24cc123545c7b8c9c1d59c size: 943

（9）在 Harbor 界面的 myproject-kgc 目录下可看到此镜像及相关信息，如图 4.6 所示。

图4.6　查看已上传镜像（1）

6. 客户端上传镜像

以上操作都是 Harbor 服务器的本地操作。如果是从其他客户端上传镜像到 Harbor，就会报错。出现错误的原因是 Docker Registry 交互默认使用 HTTPS 服务，但是搭建私有镜像默认使用 HTTP 服务，所以与私有镜像交互时出现以下错误：

[root@client ~]# docker login -u admin -p harbor12345 http://192.168.168.91
WARNING! Using --password via the CLI is insecure. Use --password-stdin.
Error response from daemon: Get https://192.168.168.91/v2/: dial tcp 192.168.168.91:443: getsockopt: connection refused

解决办法是：在 Docker server 启动的时候，增加启动参数，默认使用 HTTP 访问。

（1）在 Docker 客户端配置，操作如下：

[root@client ~]#vim /usr/lib/systemd/system/docker.service
ExecStart=/usr/bin/dockerd --insecure-registry 192.168.168.91

（2）重启 Docker，再次登录：

[root@client ~]# systemctl daemon-reload
[root@client ~]# systemcl restart docker

（3）再次登录 Harbor，操作如下：

[root@client ~]# docker login -u admin -p harbor12345 http://192.168.168.91
WARNING! Using --password via the CLI is insecure. Use --password-stdin.
Login Succeeded

（4）下载镜像进行测试，操作如下：

[root@client ~]# docker pull cirros

（5）镜像打上标签并上传到 myproject-kgc 项目中：

[root@client ~]# docker tag cirros 192.168.168.91/myproject-kgc/cirros:v2
[root@client ~]# docker push 192.168.168.91/myproject-kgc/cirros:v2

（6）查看 Harbor 的 Web 管理界面，myproject-kgc 项目内有两个镜像，如图 4.7 所示。

图4.7　查看已上传镜像（2）

4.2.3　Harbor 日常操作管理

1. 通过 Harbor Web 创建项目

单击"+项目"按钮，填写项目名称。在本案例中，项目级别被设置为"私有"，如图 4.3 和图 4.4 所示。如果将项目级别设置为公共仓库，则所有人对此项目下的镜像拥有读权限，命令行中不需要执行 Docker login 即可下载镜像，镜像操作与 Docker Hub 一致。

2. 创建 Harbor 用户

下面是创建 Harbor 用户的操作。

（1）创建用户并分配权限

单击"系统管理"→"用户管理"→"+用户"，填写用户名为"kgc-user01"，邮箱为 kgc-user01@kgc.cn，全名为"课超新人"，密码为"A123a456"，注释为"管理员"，如图 4.8 所示。

图4.8　填写创建用户的信息

用户创建成功后，单击图 4.9 左侧"："按钮，可以将上述创建的用户设置为管理员角色或进行删除操作。本例不进行任何设置。

图4.9　用户管理

（2）添加项目成员

单击"项目"→"myproject-kgc"→"成员"→"+成员"，填写上述创建的用户并分配角色为"开发人员"，如图 4.10 所示。

此时单击图 4.11 左侧"："按钮，可以对成员角色进行变更或者删除操作。

图4.10　设置新建成员信息

图4.11　成员管理

（3）在客户端使用普通账户操作镜像

① 删除上述打上标签的本地镜像：

[root@client ~]# docker rmi 192.168.168.91/myproject-kgc/cirros:v2
Untagged: 192.168.168.91/myproject-kgc/cirros:v2
Untagged: 192.168.168.91/myproject-kgc/cirros@sha256:
3fd64cb391e075e9e7335392aaa89d18029aafe5ca24cc123545c7b8c9c1d59c

② 先退出当前用户，然后使用上述创建的账户 kgc-user01 登录：

[root@client ~]# docker logout 192.168.168.91
Removing login credentials for 192.168.168.91
[root@client ~]# docker login 192.168.168.91
Username: kgc-user01
Password:
Login Succeeded

③ 下载服务器 192.168.168.91/myproject-kgc/cirros 中标签为 v1 的镜像：

[root@client ~]# docker pull 192.168.168.91/myproject-kgc/cirros:v1
v1: Pulling from myproject-kgc/cirros
Digest: sha256:3fd64cb391e075e9e7335392aaa89d18029aafe5ca24cc123545c7b8c9c1d59c
Status: Downloaded newr image for 192.168.168.91/myproject-kgc/cirros:v1

3．查看日志

在 Web 界面下，操作日志将按时间顺序记录用户的相关操作，如图 4.12 所示。

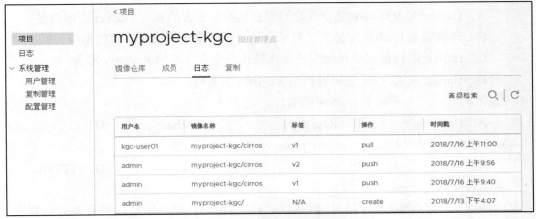

图4.12　Web界面查看日志记录

4.2.4　维护管理 Harbor

可以使用 docker-compose 来管理 Harbor。一些有用的命令介绍如下，这些命令必须在与 docker-compose.yml 相同的目录中运行。

停止/启动/重启 Harbor 的操作如下：

[root@Harbor]# cd /usr/local/harbor
[root@Harbor Harbor]# docker-compose stop | start | restart

修改 Harbor.cfg 的配置文件时，请先停止现有的 Harbor 实例并更新 Harbor.cfg，然后运行 prepare 脚本来填充配置，最后重新创建并启动 Harbor 的实例。

```
[root@Harbor Harbor]# docker-compose down -v
[root@Harbor Harbor]# vi harbor.cfg
[root@Harbor Harbor]#./prepare
[root@Harbor Harbor]# docker-compose up -d
```

移除 Harbor 服务容器，同时保留镜像数据/数据库的操作如下：

```
[root@Harbor Harbor]# docker-compose down -v
```

如需重新部署，需要移除 Harbor 服务容器的全部数据：持久数据（如镜像、数据库等）在宿主机的/data/目录下，日志数据在宿主机的/var/log/Harbor/目录下。

```
[root@Harbor  ~]# rm -r /data/database
[root@Harbor  ~]# rm -r /data/registry
```

本章小结

通过本章的学习，读者了解了 Harbor 的作用及优势，同时掌握了 Harbor 服务的部署方法，以及如何在 Web 界面中操作 Harbor 等知识。下一章中将会详细介绍 Docker 安全管理等内容。

本章作业

一、选择题

1. 有关 Harbor 的描述错误的是（   ）。
   A．Harbor 是 VMware 公司开发的可视化的企业级的私有 Docker 仓库服务
   B．开源版本 Harbor 仅提供了对单个项目的镜像进行权限管理的功能
   C．Harbor 的目标就是帮助用户迅速搭建一个企业级的 Registry 服务
   D．Harbor 以 Docker 公司开源的 Registry 为基础
2. 下列（   ）不属于 Harbor 的组件。
   A．Haproxy   B．Registry   C．Database   D．Log collector
3. Harbor 的配置参数内，ui_url_protocol 的协议可以是（   ）。
   A．TCP   B．UDP   C．HTTP   D．HTTPS

二、判断题

1. 用户和仓库都是基于项目进行组织的，而用户在项目中可以拥有不同的权限。（   ）
2. Harbor 提供了 RESTful API，可用于大多数管理操作，易于与外部系统集成。（   ）
3. Database 为 core services 提供了数据库服务，属于 Harbor 的核心功能。（   ）
4. Harbor 配置文件修改后，需重启，可通过 docker-compose down/up 实现。（   ）

三、简答题

1. Docker Harbor 的优势有哪些？
2. 构成 Docker Harbor 的五个组件是什么？
3. 简述修改 Harbor 配置文件的正确步骤。

第 5 章

Docker 安全管理

技能目标

- ➢ 了解 Docker 容器、镜像的安全性
- ➢ 了解 Docker 自身的漏洞与缺陷
- ➢ 掌握 Docker 常见安全策略的设置
- ➢ 掌握 Docker 资源的配置方法

价值目标

Docker 安全管理是在网络安全管理中充当重要的角色。2017 年 6 月 1 号实施的《中华人民共和国网络安全法》是国家安全法律制度体系中一部重要法律，是网络安全领域的基本大法。《网络安全法》规定，我国实行网络安全等级保护制度。所以，通过 Docker 安全管理的学习至关重要，同时也是让学生在将来的实际工作中要确保国家和社会的网络安全。

在多数情况下，启动 Docker 容器时都以 root 用户权限运行。用户使用 root 权限都可以做什么呢？可以进行的操作包括访问所有信息、修改任何内容、关闭机器、结束进程，以及安装各种软件等。容器安全性问题的根源在于容器和宿主机共享内核。如果容器中的应用导致 Linux 内核崩溃，那么整个系统就可能会崩溃。这与虚拟机是不同的。虚拟机并没有与主机共享内核，虚拟机崩溃一般不会导致宿主机崩溃。本章将围绕 Docker 安全的相关问题进行介绍。

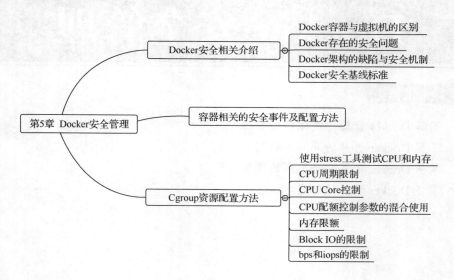

5.1 Docker 安全相关介绍

5.1.1 Docker 容器与虚拟机的区别

1. 隔离与共享

虚拟机通过添加 Hypervisor 层，虚拟出网卡、内存、CPU 等虚拟硬件，再在其上建立虚拟机，每个虚拟机都有自己的系统内核。而 Docker 容器则是通过隔离的方式，将文件系统、进程、设备、网络等资源进行隔离，再对权限、CPU 资源等进行控制，最终让容器之间互不影响，容器也无法影响宿主机。容器与宿主机共享内核、文件系统、硬件等资源。

2. 性能与损耗

与虚拟机相比，容器的资源损耗要少。同样的宿主机下，能够建立容器的数量也比虚拟机多。但是，虚拟机的安全性比容器稍好，想从虚拟机攻破到宿主机或其他虚拟机，需要先攻破 Hypervisor 层，这将是极其困难的。而 Docker 容器与宿主机共享内核、文件系统等资源，更有可能对其他容器、宿主机产生影响。

5.1.2 Docker 存在的安全问题

1. Docker 自身漏洞

作为一款应用，Docker 本身会有代码缺陷。据 CVE 官方记录，Docker 历史版本共有超过 20 项漏洞，可参见 Docker 官方网站。黑客常用的攻击手段主要有代码执行、权限提升、信息泄露、权限绕过等。目前 Docker 版本的更迭非常快，用户最好升级为最新版本。

2. Docker 源码问题

Docker 提供了 Docker Hub，允许用户上传创建的镜像，以便其他用户下载后快速搭建环境。但同时也带来了如下一些安全问题。

（1）黑客上传恶意镜像

如果黑客在制作的镜像中植入木马、后门等恶意软件，那么环境从一开始就已经不安全了，后续更没有什么安全可言。

（2）镜像使用有漏洞的软件

Docker Hub 上能下载的镜像中，75%的镜像都安装了有漏洞的软件。所以下载镜像后，需要检查软件的版本信息，看看对应的版本是否存在漏洞，并及时更新打上补丁。

（3）中间人攻击篡改镜像

镜像在传输过程中可能被篡改。目前新版本的 Docker 已经提供了相应的校验机制来预防这个问题。

5.1.3 Docker 架构的缺陷与安全机制

Docker 本身的架构与机制可能产生问题。例如这样一个攻击场景，黑客已经控制了宿主机上的一些容器，或者获得了通过在公有云上建立容器的方式对宿主机或其他容器发起攻击。

1. 容器之间的局域网攻击

主机上的容器之间可以构成局域网，因此针对局域网的 ARP 欺骗、嗅探、广播风暴等攻击方式都有可能遇到。所以，在一个主机上部署多个容器需要合理地配置网络，设置 iptable 规则。

2. DDoS 攻击耗尽资源

Cgroups 安全机制就是用来防止 DDoS 攻击的。不要为单一的容器分配过多的资源即可避免此类问题。

3. 有漏洞的系统调用

Docker 与虚拟机的一个重要区别就是 Docker 与宿主机共用一个操作系统内核。一旦宿主机内核存在可以越权或者提权的漏洞，尽管 Docker 使用普通用户身份执行，在容器被入侵时，攻击者仍然可以利用内核漏洞跳到宿主机做更多的事情。

4. 共享 root 用户权限

如果以 root 用户权限运行容器，容器内的 root 用户也就拥有了宿主机的 root 权限。

5.1.4　Docker 安全基线标准

根据 Docker 官方文档，下面从内核、主机、网络、镜像、容器和其他六个方面来总结 Docker 安全基线标准。

1．内核级别

（1）及时更新内核。
（2）用户命名空间（容器内的 root 权限在容器之外并非高权限）。
（3）Cgroups（对资源的配额和度量）。
（4）SELinux/AppArmor/GRSEC（控制文件访问权限）。
（5）Capability（权限划分）。
（6）Seccomp（限定系统调用）。
（7）禁止将容器的命名空间与宿主机进程的命名空间共享。

2．主机级别

（1）为容器创建独立分区。
（2）仅运行必要的服务。
（3）禁止将宿主机上的敏感目录映射到容器。
（4）对 Docker 守护进程、相关文件和目录进行审计。
（5）设置适当的默认文件描述符数。
（6）用户权限为 root 的 Docker 相关文件的访问权限应该设置为 644 或者更低。
（7）周期性检查每个主机的容器清单并清理不必要的容器。

3．网络级别

（1）通过 iptables 设定规则实现禁止或允许容器之间的网络流量。
（2）允许 Docker 修改 iptables。
（3）禁止将 Docker 绑定到其他 IP/Port 或者 UNIX Socket。
（4）禁止在容器上映射特权端口。
（5）容器上只开放需要的端口。
（6）禁止在容器上使用主机网络模式。
（7）若宿主机有多个网卡，将容器进入流量绑定到特定的主机网卡上。

4．镜像级别

（1）创建本地镜像仓库服务器。
（2）镜像中的软件都为最新版本。
（3）使用可信镜像文件并通过安全通道下载。
（4）重新构建镜像，而非对容器和镜像打补丁。
（5）合理管理镜像标签，及时移除不再使用的镜像。
（6）使用镜像扫描。
（7）使用镜像签名。

5．容器级别

（1）容器最小化，操作系统镜像最小集。

（2）容器以单一主进程的方式运行。

（3）禁止 privileged 标记使用特权容器。

（4）禁止在容器上运行 ssh 服务。

（5）以只读的方式挂载容器的根目录系统。

（6）明确定义属于容器的数据盘符。

（7）通过设置 on-failure 限制容器尝试重启的次数。

（8）限制在容器中可用的进程树，以防止 fork bomb。

6．其他设置

（1）定期对宿主机系统及容器进行安全审计。

（2）使用最少资源和最低权限运行容器。

（3）避免在同一宿主机上部署大量容器，应维持在一个能够管理的数量。

（4）监控 Docker 容器的使用、性能以及其他各项指标。

（5）增加实时威胁检测和事件响应功能。

（6）使用中心和远程日志收集服务。

5.2 容器相关的安全事件及配置方法

Docker 安全规则其实属于 Docker 安全基线的具体实现，对于 Docker 官方提出的方案，本章会直接给出实现方式；而对于第三方或者业界使用的方案，则只是介绍基本规则。

1．容器最小化

如果仅在容器中运行必要的服务，像 SSH 等服务，是不能轻易开启去连接容器的。通常使用以下方式进入容器：

[root@localhost ～]# docker exec -it myContainer bash

2．Docker remote api 访问控制

Docker 的远程调用 API 接口存在未授权访问漏洞，至少应限制外网访问。建议使用 Socket 方式访问。监听内网 IP，Docker Daemon 启动方式如下：

[root@localhost ～]# docker -d -H uninx:///var/run/docker.sock -H tcp://192.168.168.91:2375

或者在 docker 服务配置文件中指定：

[root@localhost ～]# vim /usr/lib/systemd/system/docker.service
ExecStart=/usr/bin/dockerd

修改为：

ExecStart=/usr/bin/dockerd   -H unix:///var/run/docker.sock -H tcp://192.168.168.91:2375

然后，在宿主机的 firewalld 防火墙上做 IP 访问控制（source address 是客户端地址）。

[root@localhost ~]#firewall-cmd --permanent --add-rich-rule="rule family="ipv4" source address="192.168.168.91" port protocol="tcp" port="2375" accept"

[root@localhost ~]#firewall-cmd --reload

3. 限制流量流向

使用防火墙过滤器限制 Docker 容器与外界通信的源 IP 地址范围。

[root@localhost ~]#firewall-cmd --permanent --zone=public --add-rich-rule="rule family="ipv4" source address="192.168.168.0/24" reject"

4. 镜像安全

图5.1 是 Docker 镜像安全扫描原理图。一方面，在镜像仓库客户端使用证书认证，对下载的镜像进行检查。另一方面，与 CVE 数据库同步扫描镜像，一旦发现漏洞则通知用户处理，或者直接阻止镜像继续构建。

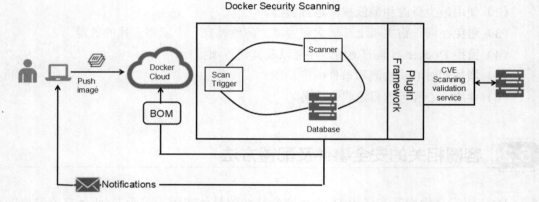

图5.1　Docker镜像安全扫描原理图

如果使用的是自己的镜像源（baseimage），可以跳过镜像安全扫描；否则，至少需要验证镜像源的 md5 等特征值，确认一致后再基于镜像源进一步构建。

一般情况下，要确保只从受信任的库中获取镜像，并且不要使用--insecure-registry=[]参数。

5. Docker Client 端与 Docker Daemon 的通信安全

按照 Docker 官方的说法，为了防止链路劫持、会话劫持等问题导致 Docker 通信时遭遇中间人攻击，客户机/服务器两端应该通过加密方式通信。

[root@localhost harbor]# docker -tlsverify -tlscacert=ca.pem -tlscert=server-cert.pem -tlskey=server-key.pem -H=0.0.0.0:2376

6. 宿主机及时升级内核漏洞

使用 Docker 容器对外提供服务时，还要考虑宿主机故障或者需要升级内核的问题。此外，还需要考虑后续的内核升级方案规划、执行以及回迁方案等。

7. 避免 Docker 容器中信息泄露

2016 年 8 月，GitHub 上泄露了大量个人或企业的各种账号与密码，出现这种问题一般都是因为使用 dockerfile 或者 docker-compose 文件创建容器。如果这些文件中存在账号与密码等认证信息，一旦 Docker 容器对外开放，则这些宿主机上的敏感信息也会随之泄露。可以通过以下方式检查容器创建模板的内容：

```
# check created users
grep authorized_keys $dockerfile
# check OS users
grep "etc/group" $dockerfile
# Check sudo users
grep "etc/sudoers.d" $dockerfile
# Check ssh key pair
grep ".ssh/.*id_rsa" $dockerfile
# Add your checks in below
```

8．日志分析

通过收集并归档与 Docker 相关的安全日志可以达到审核和监控的目的，一般建议使用 rsyslog 或 stdout+ELK 的方式进行日志收集、存储与分析。因为 Docker 本身要求轻量化，所以不建议像虚拟机或者物理机那样安装安全 Agent，否则实时威胁检测和事件响应功能就要依赖实时日志传输和分析了。可以在宿主机上使用以下命令在容器外部访问日志文件：

```
docker run -v /dev/log:/dev/log <container_name> /bin/sh
```

使用 Docker 内置命令：

```
docker logs ... (-f to follow log output)
```

日志文件也可以导出成一个压缩包实现持久存储：docker export

9．Docker Bench for Security 简介

Docker Bench for Security 是一个脚本，用于检查在生产环境中部署 Docker 容器的几十个常见的最佳实践，受到 CIS Docker 1.13 基准的启发，测试都是自动化进行的。

使用 docker-slim 从 GitHub 下载 Docker Bench for Security 的二进制文件，可用于 Linux 和 Mac。下载二进制文件后，将其添加到环境变量 PATH 中。

```
[root@localhost ~]# git clone https://github.com/docker/docker-bench-security.git
[root@localhost ~]# cd docker-bench-security
[root@localhost ~]# sudo sh docker-bench-security.sh
```

该脚本的构建符合 POSIX 2004 标准，因此可以在任何 UNIX 平台上移植。

10．ulimit

Linux 系统中有一个 ulimit 指令，可以对一些类型的资源进行限制，包括 core dump 文件大小、进程数据段大小、可创建文件大小、常驻内存集大小、打开文件数、进程栈大小、CPU 时间、单个用户的最大线程数、进程的最大虚拟内存等。

在 Docker 1.6 之后，可以设置全局默认的 ulimit，如设置 CPU 时间：

```
docker daemon --default-ulimit cpu=1200
```

或者在启动容器时，单独对其 ulimit 进行设置：

```
docker run --rm -ti --ulimit cpu=1200 ubuntu bash
```

进入容器后可以查看 ulimit 设置后的值：

```
ulimit -t
```

执行上述命令的返回结果：1200。

5.3 Cgroup 资源配置方法

Docker 通过 Cgroup 来控制容器使用的资源配额，包括 CPU、内存、磁盘三大方面，基本覆盖了常见的资源配额和使用量控制。

Cgroup 是 Control Groups 的缩写，是 Linux 内核提供的一种可以限制、记录、隔离进程组所使用的物理资源（如 CPU、内存、磁盘 I/O 等）的机制，被 LXC、Docker 等很多项目用于实现进程资源控制。Cgroup 本身提供了将进程进行分组化管理的功能和接口的基础结构，I/O 或内存的分配控制等具体的资源管理是通过具体功能来实现的。这些具体的资源管理功能称为 Cgroup 子系统，有以下几大子系统。

- blkio：对每个块设备的输入/输出控制设限，例如磁盘、光盘以及 usb 等。
- CPU：使用调度程序为 Cgroup 任务提供对 CPU 的访问。
- cpuacct：产生 Cgroup 任务的 CPU 资源报告。
- cpuset：如果是多核心的 CPU，这个子系统会为 Cgroup 任务分配单独的 CPU 和内存。
- devices：允许或拒绝 Cgroup 任务对设备的访问。
- freezer：暂停和恢复 Cgroup 任务。
- memory：设置每个 Cgroup 的内存限制以及产生内存资源报告。
- net_cls：标记每个网络包以便于 Cgroup 使用。
- ns：命名空间子系统。
- perf_event：增加了对每个 Cgroup 的监测跟踪能力，可以监测属于某个特定的 Cgroup 的所有线程以及运行在特定 CPU 上的线程。

下面利用 stress 压力测试工具测试 CPU 和内存使用状况。

5.3.1 使用 stress 工具测试 CPU 和内存

使用 Dockerfile 来创建一个基于 CentOS 的 stress 工具镜像。

```
[root@localhost ~]# docker pull centos:7
[root@localhost ~]# mkdir /root/stress
[root@localhost ~]# vim /root/stress/Dockerfile
FROM centos:7
MAINTAINER zsk "zsk@kgc.com"
RUN yum -y install wget
RUN wget -O /etc/yum.repos.d/epel.repo http://mirrors.aliyun.com/repo/epel-7.repo
RUN yum -y install stress
[root@localhost ~]# cd /root/stress
[root@localhost stress]# docker build -t centos:stress .
```

使用如下命令创建容器，--cpu-shares 参数值并不能保证可以获得一个 vcpu 或者多少 GHz 的 CPU 资源，它仅是一个弹性的加权值。

[root@localhost stress]# docker run -tid --cpu-shares 100 centos:stress

默认情况下，每个 Docker 容器的 CPU 份额都是 1024。单独一个容器的份额是没有意义的。只有在同时运行多个容器时，容器的 CPU 份额加权的效果才能体现出来。例如，两个容器 A、B 的 CPU 份额分别为 1000 和 500，在 CPU 进行时间片分配的时候，容器 A 就比容器 B 有多一倍的机会获得 CPU 的时间片。但分配的结果取决于当时主机和其他容器的运行状态，实际上也无法保证容器 A 一定能获得 CPU 时间片。比如容器 A 的进程一直是空闲的，那么容器 B 可以获取比容器 A 更多的 CPU 时间片。极端情况下，主机上只运行了一个容器，即使它的 CPU 份额只有 50，它也可以独占整个主机的 CPU 资源。

Cgroup 只在容器分配的资源紧缺时，即在需要对容器使用的资源进行限制时，才会生效。因此，无法单纯根据某个容器的 CPU 份额来确定有多少 CPU 资源分配给它，资源分配结果取决于同时运行的其他容器的 CPU 分配情况和容器中进程的运行情况。

可以通过 cpu share 命令设置容器使用 CPU 的优先级，比如启动两个容器并查看 CPU 的使用百分比。

[root@localhost ~]# docker run -tid --name cpu512 --cpu-shares 512 centos:stress stress -c 10
[root@localhost ~]# docker exec -it 容器 ID bash

使用 top 命令查看 CPU 资源的占用情况，如图 5.2 所示。

图5.2　查看CPU资源的占用情况（1）

设置 CPU 资源的份额翻倍。

[root@localhost ~]# docker run -tid --name cpu1024 --cpu-shares 1024 centos:stress stress -c 10
[root@localhost ~]# docker exec -it 容器 ID bash

输入 top 命令查看，如图 5.3 所示。

从图 5.2 和图 5.3 的结果可以看出，该案例共开启了 10 个 stress 进程，目的是充分地让系统资源变得紧张。只有出现资源竞争，设定的资源比例才可以显现出来。如果只运行一个进程，会自动分配到空闲的 CPU，这样资源比例就无法看出来。由于案例的环境不完全一样，可能导致上面两张图中占用 CPU 的百分比会有所不同，但是从 cpu share 来看，两个容器的总比例一定会是 1∶2。

```
top - 07:40:00 up 57 days,  4:03,  0 users,  load average: 20.14, 16.95, 9.05
Tasks:  13 total,   11 running,   2 sleeping,   0 stopped,   0 zombie
%Cpu(s): 99.9 us,  0.1 sy,  0.0 ni,  0.0 id,  0.0 wa,  0.0 hi,  0.0 si,  0.0 st
KiB Mem :  98586928 total,  94688208 free,    977364 used,   2921360 buff/cache
KiB Swap:  4194300 total,   4194300 free,         0 used.  96350912 avail Mem

  PID USER      PR  NI    VIRT    RES    SHR S  %CPU %MEM    TIME+ COMMAND
   10 root      20   0    7308    100      0 R  42.5  0.0   3:35.33 stress
   13 root      20   0    7308    100      0 R  40.2  0.0   3:34.51 stress
    7 root      20   0    7308    100      0 R  39.9  0.0   3:35.20 stress
    8 root      20   0    7308    100      0 R  39.9  0.0   3:35.30 stress
   11 root      20   0    7308    100      0 R  39.9  0.0   3:35.54 stress
   12 root      20   0    7308    100      0 R  39.9  0.0   3:35.75 stress
   15 root      20   0    7308    100      0 R  39.9  0.0   3:35.31 stress
    9 root      20   0    7308    100      0 R  39.5  0.0   3:35.50 stress
   16 root      20   0    7308    100      0 R  39.5  0.0   3:35.11 stress
   14 root      20   0    7308    100      0 R  38.9  0.0   3:34.89 stress
    1 root      20   0    7308    640    540 S   0.0  0.0   0:00.03 stress
   17 root      20   0   11820   1872   1500 S   0.0  0.0   0:00.03 bash
   31 root      20   0   56144   1952   1436 R   0.0  0.0   0:00.02 top
```

图5.3　查看CPU资源的占用情况（2）

5.3.2　CPU 周期限制

Docker 提供--cpu-period、--cpu-quota 两个参数来控制容器可以分配到的 CPU 时钟周期。

--cpu-period 用来指定容器对 CPU 的使用要在多长时间内做一次重新分配。

--cpu-quota 用来指定在这个周期内最多有多少时间分配给这个容器。与-cpu-shares 不同的是，这里是指定一个绝对值，容器对 CPU 资源的使用绝对不能超过配置的值。

cpu-period 和 cpu-quota 的单位为微秒（μs）。cpu-period 的最小值为1000μs，最大值为1s（10^6 μs），默认值为0.1s（100000 μs）。cpu-quota 的默认值为-1，表示不做控制。cpu-period 和 cpu-quota 参数一般一起使用。

例如，容器进程每 1 秒使用单个 CPU 的 0.2 秒时间,可以将 cpu-period 设置为 1000000（即 1s），cpu-quota 设置为 200000（即 0.2s）。当然，在多核情况下，如果允许容器进程完全占用两个 CPU，则可以将 cpu-period 设置为 100000（即 0.1s），cpu-quota 设置为 200000（即 0.2s）。

[root@localhost ~]# docker run -tid --cpu-period 100000 --cpu-quota 200000 centos:stress
[root@localhost ~]# docker exec -it 容器 ID bash
[root@738f9fc62048 /]# cat /sys/fs/cgroup/cpu/cpu.cfs_period_us
100000
[root@738f9fc62048 /]# cat /sys/fs/cgroup/cpu/cpu.cfs_quota_us
200000

5.3.3　CPU Core 控制

对拥有多核 CPU 的服务器，Docker 还可以通过-cpuset-cpus 参数控制容器运行使用哪些 CPU 内核。这对具有多 CPU 的服务器尤其有用，可以为需要高性能计算的容器进行性能最优的配置。

```
[root@localhost ~]# docker run -tid --name cpu1 --cpuset-cpus 0-2 centos:stress
```
执行以上命令需要宿主机为 4 核，表示创建的容器只能用 0、1、2 三个内核。最终生成的 Cgroup 的 CPU 内核配置如下：
```
[root@localhost ~]# docker exec -it 容器 ID bash
[root@5204fe18208e /]# cat /sys/fs/cgroup/cpuset/cpuset.cpus
0-2
```
通过如下命令可以看到容器中进程与 CPU 内核的绑定关系，达到绑定 CPU 内核的目的。
```
[root@localhost ~]# docker exec 5204fe18208e taskset -c -p 1
pid 1's current affinity list: 0-2      //容器内部第一个进程编号一般为 1
```

5.3.4 CPU 配额控制参数的混合使用

通过 cpuset-cpus 参数可以指定容器 A 使用 CPU 内核 0，容器 B 使用 CPU 内核 1。在主机上若只有这两个容器使用对应 CPU 内核，它们各自占用全部的内核资源，cpu-shares 配置将没有明显效果。

cpuset-cpus、cpuset-mems 参数只在多核、多内存节点的服务器上有效，并且必须与实际的物理配置匹配，否则无法达到资源控制的目的。

在系统具有多个 CPU 内核的情况下，需要通过 cpuset-cpus 参数设置容器 CPU 内核，才能方便地进行测试。

用如下命令创建测试用的容器：
```
[root@localhost ~]# docker run -tid --name cpu3 --cpuset-cpus 3 --cpu-shares 512 centos:stress stress -c 1
[root@localhost ~]# docker exec -it 容器 ID bash
```
使用 top 命令查看，如图 5.4 所示。

```
top - 08:47:56 up 57 days,  5:11,  0 users,  load average: 2.00, 1.87, 4.65
Tasks:   4 total,   2 running,   2 sleeping,   0 stopped,   0 zombie
%Cpu0  :  0.0 us,  0.0 sy,  0.0 ni, 99.3 id,  0.3 wa,  0.0 hi,  0.3 si,  0.0 st
%Cpu1  :  0.3 us,  0.0 sy,  0.0 ni, 99.7 id,  0.0 wa,  0.0 hi,  0.0 si,  0.0 st
%Cpu2  :  0.0 us,  0.0 sy,  0.0 ni,100.0 id,  0.0 wa,  0.0 hi,  0.0 si,  0.0 st
%Cpu3  :100.0 us,  0.0 sy,  0.0 ni,  0.0 id,  0.0 wa,  0.0 hi,  0.0 si,  0.0 st
%Cpu4  :  0.0 us,  0.0 sy,  0.0 ni,100.0 id,  0.0 wa,  0.0 hi,  0.0 si,  0.0 st
%Cpu5  :  0.0 us,  0.0 sy,  0.0 ni,100.0 id,  0.0 wa,  0.0 hi,  0.0 si,  0.0 st
KiB Mem : 98586928 total, 94671680 free,   988612 used,  2926644 buff/cache
KiB Swap:  4194300 total,  4194300 free,        0 used. 96336288 avail Mem

  PID USER      PR  NI    VIRT    RES    SHR S  %CPU %MEM     TIME+ COMMAND
    6 root      20   0    7308    100      0 R  33.2  0.0   3:41.43 stress
   20 root      20   0   56136   1944   1436 R   0.3  0.0   0:00.10 top
    1 root      20   0    7308    424    340 S   0.0  0.0   0:00.03 stress
    7 root      20   0   11820   1876   1500 S   0.0  0.0   0:00.00 bash
```

图5.4 查看CPU配额参数（1）

```
[root@localhost ~]# docker run -tid --name cpu4 --cpuset-cpus 3 --cpu-shares 1024 centos:stress stress -c 1
[root@localhost ~]# docker exec -it 容器 ID bash
```
输入 top 命令查看，如图 5.5 所示。

上面的 centos:stress 镜像安装了 stress 工具，用来测试 CPU 和内存的负载。通过在两个容器上分别执行 stress -c 1 命令，将会给系统一个随机负载，产生一个进程。这个进程会反复不停地计算由 rand() 函数产生的随机数的平方根，直到资源耗尽。

```
top - 08:47:12 up 57 days,  5:10,  0 users,  load average: 2.00, 1.85, 4.78
Tasks:   4 total,   2 running,   2 sleeping,   0 stopped,   0 zombie
%Cpu0  :  0.3 us,  0.0 sy,  0.0 ni, 99.3 id,  0.3 wa,  0.0 hi,  0.0 si,  0.0 st
%Cpu1  :  0.3 us,  0.3 sy,  0.0 ni, 99.3 id,  0.0 wa,  0.0 hi,  0.0 si,  0.0 st
%Cpu2  :  0.0 us,  0.0 sy,  0.0 ni,100.0 id,  0.0 wa,  0.0 hi,  0.0 si,  0.0 st
%Cpu3  :100.0 us,  0.0 sy,  0.0 ni,  0.0 id,  0.0 wa,  0.0 hi,  0.0 si,  0.0 st
%Cpu4  :  0.3 us,  0.0 sy,  0.0 ni, 99.7 id,  0.0 wa,  0.0 hi,  0.0 si,  0.0 st
%Cpu5  :  0.3 us,  0.0 sy,  0.0 ni, 99.7 id,  0.0 wa,  0.0 hi,  0.0 si,  0.0 st
KiB Mem : 98586928 total, 94671408 free,   988884 used,  2926636 buff/cache
KiB Swap:  4194300 total,  4194300 free,        0 used. 96336008 avail Mem

  PID USER      PR  NI    VIRT    RES    SHR S  %CPU %MEM     TIME+ COMMAND
    5 root      20   0    7308     96      0 R  66.7  0.0   6:13.70 stress
    1 root      20   0    7308    420    340 S   0.0  0.0   0:00.03 stress
    6 root      20   0   11820   1880   1504 S   0.0  0.0   0:00.02 bash
   19 root      20   0   56136   1940   1436 R   0.0  0.0   0:00.10 top
```

图5.5 查看CPU配额参数（2）

宿主机上的 CPU 使用率如图 5.4 和图 5.5 所示，第三个内核的使用率接近 100%，并且一批进程的 CPU 使用率明显存在 2∶1 的使用比例。

5.3.5 内存限额

与操作系统类似，容器可使用的内存包括两部分：物理内存和 Swap。Docker 通过如下两组参数来控制容器内存的使用量。

-m 或 --memory：设置内存的使用限额，例如 100MB、1024MB。

--memory-swap：设置内存+Swap 的使用限额。

执行如下命令允许该容器最多使用 200MB 的内存和 300MB 的 Swap。

[root@localhost ~]# docker run -it -m 200M --memory-swap=300M progrium/stress --vm 1 --vm-bytes 280M

--vm 1：启动一个内存工作线程。

--vm-bytes 280M：每个线程分配 280MB 内存。

默认情况下，容器可以使用主机上的所有空闲内存。与 CPU 的 Cgroup 配置类似，Docker 会自动为容器在目录/sys/fs/cgroup/memory/docker/<容器的完整长 ID>中创建相应的 Cgroup 配置文件，运行结果如图 5.6 所示。

```
[root@localhost ~]# docker run -it -m 200M --memory-swap=300M progrium/stress --vm 1 --vm-bytes 280M
stress: info: [1] dispatching hogs: 0 cpu, 0 io, 1 vm, 0 hdd
stress: dbug: [1] using backoff sleep of 3000us
stress: dbug: [1] --> hogvm worker 1 [7] forked
stress: dbug: [7] allocating 293601280 bytes ...
stress: dbug: [7] touching bytes in strides of 4096 bytes ...
stress: dbug: [7] freed 293601280 bytes
stress: dbug: [7] allocating 293601280 bytes ...
stress: dbug: [7] touching bytes in strides of 4096 bytes ...
stress: dbug: [7] freed 293601280 bytes
stress: dbug: [7] allocating 293601280 bytes ...
```

图5.6 设置内存限额输出结果

因为 280MB 在可分配的范围（300MB）内，所以工作线程能够正常工作，其过程是：

- 分配 280MB 内存。
- 释放 280MB 内存。
- 再分配 280MB 内存。
- 再释放 280MB 内存。
- 一直循环……

如果让工作线程分配的内存超过 300MB，即分配的内存超过限额，stress 线程报错，容器退出。结果如下：

[root@localhost ~]# docker run -it -m 200M --memory-swap=300M progrium/stress --vm 1 --vm-bytes 310M
stress: info: [1] dispatching hogs: 0 cpu, 0 io, 1 vm, 0 hdd
stress: dbug: [1] using backoff sleep of 3000us
stress: dbug: [1] --> hogvm worker 1 [7] forked
stress: dbug: [7] allocating 325058560 bytes ...
stress: dbug: [7] touching bytes in strides of 4096 bytes ...
stress: FAIL: [1] (416) <-- worker 7 got signal 9
stress: WARN: [1] (418) now reaping child worker processes
stress: FAIL: [1] (422) kill error: No such process
stress: FAIL: [1] (452) failed run completed in 0s

5.3.6 Block IO 的限制

默认情况下，所有容器能平等地读写磁盘，但可以通过设置--blkio-weight 参数来改变容器 Block IO 的优先级。

--blkio-weight 与--cpu-shares 类似，设置的是相对权重值，默认为 500。在下面的例子中，设置容器 A 读写磁盘的带宽是容器 B 的两倍。

[root@localhost ~]# docker run -it --name container_A --blkio-weight 600 centos:stress
[root@5e7093d94869 /]# cat /sys/fs/cgroup/blkio/blkio.weight
600
[root@localhost ~]# docker run -it --name container_B --blkio-weight 300 centos:stress
[root@39947b6517d4 /]# cat /sys/fs/cgroup/blkio/blkio.weight
300

5.3.7 bps 和 iops 的限制

bps 是 byte per second 的缩写，指每秒读写的数据量。

iops 是 io per second 的缩写，指每秒 IO 的次数。

可通过以下参数控制容器的 bps 和 iops。

--device-read-bps，限制读某个设备的 bps。

--device-write-bps，限制写某个设备的 bps。

--device-read-iops，限制读某个设备的 iops。

--device-write-iops，限制写某个设备的 iops。

下面的示例是限制容器写/dev/sda 的速率为 5MB/s。

[root@localhost ~]# docker run -it --device-write-bps /dev/sda:5MB centos:stress
[root@e3eb0e9ad6fc /]# dd if=/dev/zero of=test bs=1M count=1024 oflag=direct
1024+0 records in
1024+0 records out
1073741824 bytes (1.1 GB) copied, 207.028 s, 5.2 MB/s

通过 dd 命令可以测试在容器中写磁盘的速度。因为容器的文件系统是在 host

/dev/sda 上的，在容器中写文件相当于对 host /dev/sda 进行写操作。另外，oflag=direct 指定用 direct IO 方式写文件，这样--device-write-bps 才能生效。

结果表明限速在 5MB/s 左右。作为对比测试，如果不限速，结果如下：

[root@localhost ~]# docker run -it   centos:stress
[root@cb6691338f52 /]# dd if=/dev/zero of=test bs=1M count=1024 oflag=direct
1024+0 records in
1024+0 records out
1073741824 bytes (1.1 GB) copied, 72.7182 s, 13.5 MB/s

iops 的用法和 bps 类似，可以查阅相关资料，本章不再详细介绍。

本章小结

通过本章的学习，读者掌握了 Docker 自身存在的安全问题、Docker 容器相关的安全事件及配置方法，同时了解了如何通过 Cgroup 来控制容器使用的资源配额，包括 CPU、内存、磁盘等。下一章中将会详细介绍 Docker 日志管理方面的内容。

本章作业

一、选择题

1. Docker 存在的安全问题包括（   ）。
   A．黑客上传恶意镜像   B．对 Docker 容器进行真实主机提权
   C．Docker 自身代码存在的缺陷   D．挂载 crob，反弹 shell，进入系统
2. （   ）是 Docker 用于防止 DDoS 攻击耗尽资源的安全机制。
   A．Capability   B．Selinux   C．Cgroups   D．Linux bridge
3. （   ）不是 Docker 安全基线内核级别的。
   A．及时更新内核
   B．禁止在容器上映射特权端口
   C．Capability（权限划分）
   D．禁止将容器的命名空间与宿主进程命名空间共享

二、判断题

1. 普通开发者上传到 Docker Hub 上的镜像，都是可以放心下载到本地使用的。（   ）
2. 宿主机上多容器构成局域网，存在局域网 ARP 欺骗、嗅探、广播风暴等攻击方式，因此需合理配置 docker 网络。（   ）
3. 要确保只从受信任的库中获取镜像，就不要使用--insecure-registry=[]参数。（   ）
4. 使用命令创建容器时，命令中--cpu-shares 后面是 cpu 份额，这个份额指定了多少，容器运行时就有多少份额的 cpu 资源。（   ）

三、简答题

1. Docker 存在的安全问题有哪些？
2. Docker 安全基线标准分为哪几个方面？
3. Docker 架构缺陷与安全机制有哪些？

第 6 章

Docker 日志管理

技能目标

- 掌握 Docker 容器部署 ELK 环境
- 了解 Filebeat 日志收集原理
- 掌握 Logstash 过滤模式匹配

价值目标

网络安全等级保护包括系统定级、系统备案、建设整改、等级测评和监督检查 5 个常规动作，贯穿信息系统的全阶段、全流程，是当今发达国家保护关键信息基础设施、保障网络安全的通行做法。Docker 日志管理的主要目的就是为了能监督检查网络部署中出现的各种问题，也为网络工作人员提供追溯的依据，同时也让学生学习在实际的工作中要确保的网络安全。

在前面的章节中，详细介绍了 ELK 各个组件之间的关系，并且可以通过 ELK 收集简单的系统日志，但其中只有 Logstash、Elasticsearch 和 Kibana 实例。这种架构非常简单并且有缺陷。初学者可以搭建这个架构来了解 ELK 是如何工作的。本章基于 Docker+ELKF 架构详细介绍生产环境下的日志收集与分析。

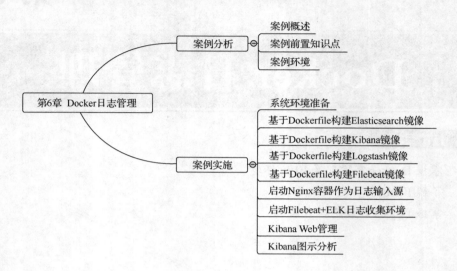

6.1 案例分析

6.1.1 案例概述

日志的采集工具有很多种，如 Fluentd、Flume、Logstash、Betas 等。引入 Filebeat 作为日志搜集器，主要是为了解决 Logstash 开销大的问题。启动一个 Logstash 需要消耗 500MB 左右的内存，而 Filebeat 只需要十几 MB 的内存。常用的 ELK 日志采集方案中，通常的做法是将所有节点的日志通过 Filebeat 送到 Kafka 消息队列，再使用 Logstash 集群读取消息队列内容，根据配置文件进行过滤，将过滤之后的文件输送到 Elasticsearch 中通过 Kibana 展示。所以企业中通常使用 Docker + ELKF 架构实现日志收集与分析。

6.1.2 案例前置知识点

1. ELK（Elasticsearch、Logstash、Kibana）

有关 ELK 的知识在前面的章节中已经详细介绍过，具体的原理性知识点本章不再展开，只体现 Docker 构建 ELK 环境的实现过程。

2. 什么是 Filebeat

Filebeat 是 ELK 组件的新成员，也是 Beat 的成员之一。Filebeat 基于 Go 语言开发，无任何依赖，并且比 Logstash 更加轻量，不会带来过高的资源占用，非常适合安装在生产机器上。轻量意味着简单，Filebeat 并没有集成和 Logstash 一样的正则处理功能，而是将收集的日志原样输出。

以下是 Filebeat 的工作流程：当开启 Filebeat 程序的时候，它会启动一个或多个检测进程（prospectors）找到指定的日志目录或文件。对于探测器找出的每一个日志文件，Filebeat 启动读取进程（harvester）。每读取一个日志文件的新内容，便发送这些新的日志数据到处理程序（spooler）。最后，Filebeat 将数据发送到指定的地点（比如 Logstash、Elasticsearch）。

正是由于以上原因，目前 Filebeat 已经完全替代了 Logstash，成为新一代的日志采集器。同时，鉴于它具备的轻量、安全等特点，越来越多的人开始使用它。

本章将详细讲解如何部署基于 Filebeat 的 ELK 集中式日志分析系统，具体架构如图 6.1 所示。

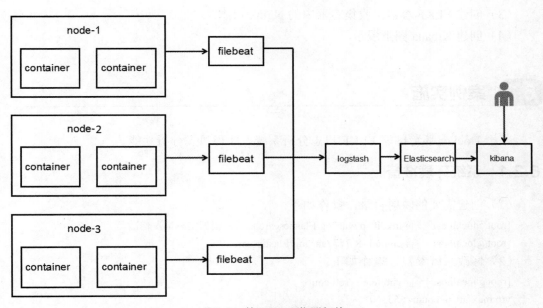

图6.1 基于ELKF集群架构

3．Docker 日志管理架构缺陷

ELK 架构适合于处理日志规模比较庞大的情况。由于 Logstash 日志解析节点和 Elasticsearch 的负荷比较重，可将其配置为集群模式，以分担负荷。引入消息队列可以均衡网络传输，从而降低网络闭塞，尤其是丢失数据的可能性，但依然存在 Logstash 占用系统资源过多的问题。

6.1.3 案例环境

1．本案例实验环境

本案例实验环境如表 6-1 所示。

表 6-1 Docker 日志管理实验环境

主机	操作系统	主机名/IP 地址	主要软件及版本	硬件要求
服务器	CentOS 7.3-x86_64	localhost/192.168.168.91	Docker-ce 18.03	4GB 内存

2．案例需求

本案例的需求如下所示。

（1）利用 ELKF 收集容器中的日志。

（2）通过 Kibana 对收集到的日志做图表分析。

3．案例实现思路

本案例的实现思路如下所示。

（1）准备系统环境。

（2）构建 ELKF 组件镜像。

（3）创建 ELKF 容器，收集容器中的 Nginx 日志。

（4）创建 Kibana 图形展示。

6.2 案例实施

基于 Docker 环境部署 ELKF 日志分析系统，实现日志分析功能。

6.2.1 系统环境准备

（1）创建需要的映射目录，操作如下：

[root@localhost ~]# mkdir -p /var/log/Elasticsearch   // 根据实际情况修改
[root@localhost ~]# chmod -R 777 /var/log/Elasticsearch

（2）修改系统参数，操作如下：

[root@localhost ~]# vim /etc/sysctl.conf
vm.max_map_count=655360
[root@localhost ~]# sysctl -p
[root@localhost ~]# vim /etc/security/limits.conf
*   soft   nofile   65535
*   hard   nofile   65535
*   soft   nproc   65535
*   hard   nproc   65535
*   soft   memlock unlimited
*   hard   memlock unlimited

（3）单独创建 ELK-kgc 网络桥接，操作如下：

[root@localhost ~]# docker network create ELK-kgc
c41651f34b547addf9887ba17303d3fcaf3f8d0bccfad9fd237556ba13c63e9d
[root@localhost ~]# docker network   ls

NETWORK ID	NAME	DRIVER	SCOPE
a4c4cdbdf774	bridge	bridge	local
c41651f34b54	ELK-kgc	bridge	local
8ac6515a8a52	host	host	local
0ddf902ed096	none	null	local

6.2.2　基于 Dockerfile 构建 Elasticsearch 镜像

（1）创建 Elasticsearch 工作目录，操作如下：

[root@localhost ~]# mkdir -p /root/ELK/Elasticsearch

（2）编写 Elasticsearch 的 Dockerfile 文件，操作如下：

[root@localhost ~]# cd /root/ELK/Elasticsearch
[root@localhost Elasticsearch]# vim Dockerfile
FROM centos:latest
MAINTAINER k@kgc.cn
RUN yum -y install java-1.8.0-openjdk vim telnet lsof
ADD Elasticsearch-6.1.0.tar.gz /usr/local/
RUN cd /usr/local/Elasticsearch-6.1.0/config
RUN mkdir -p /data/behavior/log-node1
RUN mkdir /var/log/Elasticsearch
COPY Elasticsearch.yml /usr/local/Elasticsearch-6.1.0/config/
RUN useradd es && chown -R es:es /usr/local/Elasticsearch-6.1.0/
RUN chmod +x /usr/local/Elasticsearch-6.1.0/bin/*
RUN chown -R es:es /var/log/Elasticsearch/
RUN chown -R es:es /data/behavior/log-node1/
RUN sed -i s/-Xms1g/-Xms2g/g /usr/local/Elasticsearch-6.1.0/config/jvm.options
RUN sed -i s/-Xmx1g/-Xmx2g/g /usr/local/Elasticsearch-6.1.0/config/jvm.options
EXPOSE 9200
EXPOSE 9300
CMD su es /usr/local/Elasticsearch-6.1.0/bin/Elasticsearch

（3）上传 Elasticsearch 源码包和 Elasticsearch 配置文件。上传 Elasticsearch 的源码包和 Elasticsearch 配置文件到/root/ELK/Elasticsearch 目录下，所需文件如下：

[root@localhost Elasticsearch]# ll
总用量 27876
-rw-r--r--. 1 root root   1344 5月   9 14:23 Dockerfile
-rw-r--r--. 1 root root   28535876 5月   9 14:23 Elasticsearch-6.1.0.tar.gz
-rw-r-----. 1 root root   3017 5月   9 14:33 Elasticsearch.yml

（4）构建 Elasticsearch 镜像。

[root@localhost Elasticsearch]# docker build -t elasticsearch .

6.2.3　基于 Dockerfile 构建 Kibana 镜像

（1）创建 Kibana 工作目录，操作如下：

[root@localhost ~]# mkdir -p /root/ELK/kibana

（2）编写 Kibana 的 Dockerfile 文件，操作如下：

[root@localhost ~]# cd /root/ELK/kibana

[root@localhost kibana]# vim Dockerfile

FROM centos:latest

MAINTAINER k@kgc.cn

RUN yum -y install java-1.8.0-openjdk vim telnet lsof

ADD kibana-6.1.0-linux-x86_64.tar.gz /usr/local/

RUN cd /usr/local/kibana-6.1.0-linux-x86_64

RUN sed -i s/"#server.name: \"your-hostname\""/"server.name: kibana-hostname"/g /usr/local/kibana-6.1.0-linux-x86_64/config/kibana.yml

RUN sed -i s/"#server.port: 5601"/"server.port: 5601"/g /usr/local/kibana-6.1.0-linux-x86_64/config/kibana.yml

RUN sed -i s/"#server.host: \"localhost\""/"server.host: 0.0.0.0"/g /usr/local/kibana-6.1.0-linux-x86_64/config/kibana.yml

RUN sed -ri '/Elasticsearch.url/ s/^#|"//g' /usr/local/kibana-6.1.0-linux-x86_64/config/kibana.yml

RUN sed -i s/localhost:9200/Elasticsearch:9200/g /usr/local/kibana-6.1.0-linux-x86_64/config/kibana.yml

EXPOSE 5601

CMD ["/usr/local/kibana-6.1.0-linux-x86_64/bin/kibana"]

（3）上传 Kibana 的源码包。上传 Kibana 的源码包到/root/ELK/kibana 目录下，所需文件如下：

[root@localhost kibana]# ll

总用量 64408

-rw-r--r--. 1 root root   967 5月   9 14:45 Dockerfile

-rw-r--r--. 1 root root 65947685 5月   9 14:23 kibana-6.1.0-linux-x86_64.tar.gz

（4）构建 Kibana 镜像。

[root@localhost kibana]# docker build -t kibana .

6.2.4　基于 Dockerfile 构建 Logstash 镜像

（1）创建 Logstash 工作目录，操作如下：

[root@localhost ~]# mkdir -p /root/ELK/logstash

（2）编写 Logstash 的 Dockerfile 文件，操作如下：

[root@localhost ~]# cd /root/ELK/logstash

[root@localhost logstash]# vim Dockerfile

FROM centos:latest

MAINTAINER shikun.zhou@bdqn.cn

RUN yum -y install java-1.8.0-openjdk vim telnet lsof

ADD logstash-6.1.0.tar.gz /usr/local/

RUN cd /usr/local/logstash-6.1.0

ADD run.sh /run.sh

RUN chmod 755 /*.sh

EXPOSE 5044

CMD ["/run.sh"]

（3）创建 CMD 运行的脚本文件，操作如下：

[root@localhost logstash]# vim run.sh

#!/bin/bash

/usr/local/logstash-6.1.0/bin/logstash -f /opt/logstash/conf/nginx-log.conf

（4）上传 Logstash 的源码包，操作如下：

上传 Logstash 的源码包到/root/ELK/logstash 目录下，所需文件如下：

[root@localhost logstash]# ll

总用量 107152

-rw-r--r--. 1 root root   244   5 月   10 10:35 Dockerfile

-rw-r--r--. 1 root root 109714065   5 月   9 14:51 logstash-6.1.0.tar.gz

-rw-r--r--. 1 root root   88   5 月   10 10:35 run.sh

（5）构建 Logstash 镜像，操作如下：

[root@localhost logstash]# docker build -t logstash .

（6）Logstash 配置文件详解。

Logstash 的功能非常强大，不仅仅可以分析传入的文本，还可以作监控与告警之用。下面介绍 Logstash 的配置文件及其使用技巧。

Logstash 默认的配置文件不需要修改，只需要在启动的时候指定一个配置文件。比如在 run.sh 脚本中指定/opt/logstash/conf/nginx-log.conf。注意：文件中包含 input、filter、output 三部分，其中，只有 filter 部分不是必需的。

```
[root@localhost ~]# mkdir -p /opt/logstash/conf
[root@localhost ~]# vim /opt/logstash/conf/nginx-log.conf
input {
  beats {
    port => 5044
  }
}

filter {
    if "www-bdqn-cn-pro-access" in [tags] {
      grok {
        match => {"message" => '%{QS:agent} \"%{IPORHOST:http_x_forwarded_for}\" - \[%{HTTPDATE:timestamp}\] \"(?:%{WORD:verb} %{NOTSPACE:request}(?: HTTP/%{NUMBER:http_version})?|-)\" %{NUMBER:response} %{NUMBER:bytes} %{QS:referrer} %{IPORHOST:remote_addr}:%{POSINT:port} %{NUMBER:remote_addr_response} %{BASE16FLOAT:request_time}'}
      }
    }
    urldecode {all_fields => true}
    date {
      match => [ "timestamp" , "dd/MMM/YYYY:HH:mm:ss Z" ]
    }
    useragent {
      source => "agent"
```

```
            target => "ua"
        }
    }

    output {
        if "www-bdqn-cn-pro-access" in [tags] {
            Elasticsearch {
                hosts => ["Elasticsearch:9200"]
                manage_template => false
                index => "www-bdqn-cn-pro-access-%{+YYYY.MM.dd}"
            }
        }
    }
```

> **注意**
>
> 使用 nginx-log.conf 文件复制时，match 最长的一行的自动换行问题。

① 关于 nginx-log.conf 文件中的 filter 部分。输入和输出在 Logstash 配置中很简单，对数据进行匹配处理则非常复杂。匹配单行日志是入门级的要求，而匹配多行甚至不规则的日志则需要 ruby 的协助。本例主要展示 grok 插件的使用。

以下是某生产环境 Nginx 的 access 日志格式：

```
log_format    main '"$http_user_agent" "$http_x_forwarded_for" '
                  '$remote_user [$time_local] "$request" '
                  '$status $body_bytes_sent "$http_referer" '
                  '$upstream_addr $upstream_status $upstream_response_time';
```

下面是对应上述 Nginx 日志格式的 grok 捕获语法：

'%{QS:agent} \"%{IPORHOST:http_x_forwarded_for}\" - \[%{HTTPDATE:timestamp}\] \
"(?:%{WORD:verb} %{NOTSPACE:request}(?: HTTP/%{NUMBER:http_version})?|-)\
"%{NUMBER:response} %{NUMBER:bytes} %{QS:referrer} %{IPORHOST:remote_addr}:
%{POSINT:port} %{NUMBER:remote_addr_response} %{BASE16FLOAT:request_time}'}

filter 部分的第一行是判断语句，如果 www-bdqn-cn-pro-access 自定义字段在 tags 内，则使用 grok 中的语句对日志进行处理。

- geoip：使用 GeoIP 数据库对 client_ip 字段的 IP 地址进行解析，可得出该 IP 的经纬度、国家与城市等信息，但精确度不高，主要依赖于 GeoIP 数据库。
- date：默认情况下，Elasticsearch 内记录的 date 字段是 Elasticsearch 接收到该日志的时间，但在实际应用中需要修改为日志中记录的时间。这时，需要指定记录时间的字段并指定时间格式。如果匹配成功，则会将日志的时间替换至 date 字段中。
- useragent：主要是为 Web App 提供的解析，可以解析目前常见的一些 user agent。
- 如果语法没问题，显示的界面效果如图 6.2 所示。

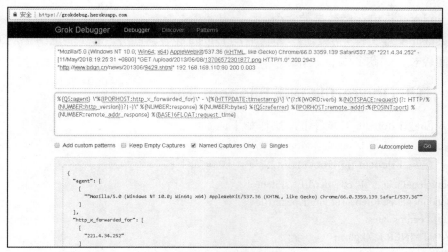

图6.2 语法正确效果

② 关于 output 部分。本案例中的 Logstash 服务节点只有一个，所以输出配置如下。

Logstash 可以在上层配置一个负载均衡器来实现集群。在实际应用中，Logstash 服务需要处理多种不同类型的日志或数据，处理后的日志或数据需要存放在不同的 Elasticsearch 集群或索引中，并对日志进行分类。

```
output {
    if "www-bdqn-cn-pro-access" in [tags] {
        Elasticsearch {
            hosts => ["Elasticsearch:9200"]
            manage_template => false
            index => "www-bdqn-cn-pro-access-%{+YYYY.MM.dd}"
        }
    }
}
```

通过在 output 部分设定判断语句，来将处理后的数据存放到不同的索引中。tags 的添加有以下三种途径。

- 在 Filebeat 读取数据后，向 Logstash 发送前添加到数据中。
- Logstash 处理日志的时候，向 tags 标签添加自定义内容。
- 在 Logstash 接收传入数据时，向 tags 标签添加自定义内容。

从上面的输入配置文件中可以看出，这里采用的是第一种途径。在 Filebeat 读取数据后，向 Logstash 发送数据前添加 www-bdqn-cn-pro-access 的 tag。

这个操作除非在后续处理数据的时候手动将其删除，否则将永久存于该数据中。

Elasticsearch 字段中各参数的意义如下。

- hosts：指定 Elasticsearch 地址，如有多个节点可用，可以设为 array 模式，来实现负载均衡；
- manage_template：如果该索引没有合适的模板可用，默认情况下将由默认的模板进行管理；

- index：指定存储数据的索引。

Logstash 配置文件完成之后，即可启动 Logstash 容器服务。需要注意的是，Logstash 启动时间较长，请耐心等待。

6.2.5 基于 Dockerfile 构建 Filebeat 镜像

（1）创建 Filebeat 工作目录，操作如下：

[root@localhost ~]# mkdir -p /root/ELK/Filebeat

（2）编写 Filebeat 的 Dockerfile 文件，操作如下：

[root@localhost ~]# cd /root/ELK/Filebeat
[root@localhost Filebeat]# vim Dockerfile
FROM centos:latest
MAINTAINER k@kgc.cn
RUN yum -y install java-1.8.0-openjdk vim telnet lsof
ADD filebeat-6.1.0-linux-x86_64.tar.gz /usr/local/
RUN cd /usr/local/filebeat-6.1.0-linux-x86_64
RUN mv /usr/local/filebeat-6.1.0-linux-x86_64/filebeat.yml /root/
COPY filebeat.yml /usr/local/filebeat-6.1.0-linux-x86_64/
ADD run.sh /run.sh
RUN chmod 755 /*.sh
CMD ["/run.sh"]

（3）创建 CMD 运行的脚本文件，操作如下：

[root@localhost Filebeat]# vim run.sh
#!/bin/bash
/usr/local/filebeat-6.1.0-linux-x86_64/filebeat -e -c
/usr/local/filebeat-6.1.0-linux-x86_64/filebeat.yml

（4）上传 Filebeat 的源码包和 Filebeat 配置文件。上传 Filebeat 的源码包和 Filebeat 配置文件到/root/ELK/Filebeat 目录下，所需文件如下：

[root@localhost Filebeat]# ll
总用量 11660
-rw-r--r--. 1 root root   380   5 月   10 09:42 Dockerfile
-rw-r--r--. 1 root root 11926942   5 月   9 16:02 filebeat-6.1.0-linux-x86_64.tar.gz
-rw-r--r--. 1 root root   186   5 月   10 09:58 filebeat.yml
-rwxr-xr-x. 1 root root   118   5 月   10 09:40 run.sh

（5）构建 Filebeat 镜像，操作如下：

[root@localhost Filebeat]# docker build -t filebeat .

（6）Filebeat 配置文件详解。

查看 Filebeat 的配置文件：

[root@localhost Filebeat]# cat filebeat.yml
Filebeat.prospectors:
- input_type: log
  paths:
    - /var/log/nginx/www.bdqn.cn-access.log

```
tags: ["www-bdqn-cn-pro-access"]
clean_*: true

output.logstash:
    hosts: ["logstash:5044"]
```

每个 Filebeat 可以根据需求的不同拥有一个或多个 prospector，其他配置信息的含义如下。

- input_type：输入的内容，主要为逐行读取的 log 格式与标准输入 stdin。
- paths：指定需要读取日志的路径，如果路径拥有相同的结构，则可以使用通配符。
- tags：为该路径的日志添加自定义 tags。
- clean_：Filebeat 在 /var/lib/filebeat/registry 下有一个注册表文件，记录着 Filebeat 读取过的文件和已经读取的行数等信息。如果日志文件是定时分割，数量会随之增加，该注册表文件也会慢慢增大。随着注册表文件的增大，会导致 Filebeat 检索的性能下降。
- output.logstash：定义内容输出的路径，这里主要输出到 Elasticsearch。
- hosts：指定服务器地址。

Filebeat 配置文件完成之后，即可启动 Filebeat 容器服务。

6.2.6 启动 Nginx 容器作为日志输入源

使用 docker run 命令启动一个 Nginx 容器。

```
[root@localhost ~]# docker run -itd -p 80:80 --network ELK-kgc -v /var/log/nginx:/var/log/nginx --name nginx-ELK nginx:latest
```

本地目录 /var/log/nginx 必须挂载到 Filebeat 容器中，Filebeat 才能采集到日志目录。

手动模拟生产环境中的几条日志文件作为 Nginx 容器产生的站点日志，同样注意复制时的换行问题。

```
[root@localhost ~]# vim /var/log/nginx/www.bdqn.cn-access.log
"YisouSpider" "106.11.155.156" - [18/Jul/2018:00:00:13 +0800] "GET /applier/position?gwid=17728&qyid=122257 HTTP/1.0" 200 9197 "-" 192.168.168.108:80 200 0.032
"-" "162.209.213.146" - [18/Jul/2018:00:02:11 +0800] "GET //tag/7764.shtml HTTP/1.0" 200 24922 "-" 192.168.168.108:80 200 0.074
"YisouSpider" "106.11.152.248" - [18/Jul/2018:00:07:44 +0800] "GET /news/201712/21424.shtml HTTP/1.0" 200 8821 "-" 192.168.168.110:80 200 0.097
"YisouSpider" "106.11.158.233" - [18/Jul/2018:00:07:44 +0800] "GET /news/201301/7672.shtml HTTP/1.0" 200 8666 "-" 192.168.168.110:80 200 0.111
"YisouSpider" "106.11.159.250" - [18/Jul/2018:00:07:44 +0800] "GET /news/info/id/7312.html HTTP/1.0" 200 6617 "-" 192.168.168.110:80 200 0.339
"Mozilla/5.0 (compatible; SemrushBot/2~bl; +http://www.semrush.com/bot.html)" "46.229.168.83" - [18/Jul/2018:00:08:57 +0800] "GET /tag/1134.shtml HTTP/1.0" 200 6030 "-" 192.168.168.108:80 200 0.079
```

6.2.7 启动 Filebeat+ELK 日志收集环境

注意启动顺序和查看启动日志。

（1）启动 Elasticsearch，操作如下：

```
[root@localhost ~]# docker run -itd -p 9200:9200  -p 9300:9300 --network ELK-kgc -v
```

/var/log/elasticsearch:/var/log/elasticsearch   --name elasticsearch elasticsearch

（2）启动 Kibana，操作如下：

[root@localhost ~]# docker run -itd -p 5601:5601 --network ELK-kgc --name kibana kibana

（3）启动 Logstash，操作如下：

[root@localhost ~]# docker run -itd -p 5044:5044 --network ELK-kgc -v /opt/logstash/conf:/opt/logstash/conf   --name logstash logstash

（4）启动 Filebeat，操作如下：

[root@localhost ~]# docker run -itd --network ELK-kgc -v /var/log/nginx:/var/log/nginx   --name filebeat filebeat

6.2.8　Kibana Web 管理

因为 Kibana 的数据需要从 Elasticsearch 中读取，所以需要 Elasticsearch 中有数据。有数据才能创建索引。创建不同的索引才能区分不同的数据集。

（1）在浏览器输入 http://192.168.168.91:5601 访问 Kibana 控制台。在 Management 中找到 Index patterns，单击可以看到如图 6.3 所示的界面，填写 www-bdqn-cn-pro-access-* 作为索引。

图6.3　添加索引

（2）在 Time Filter field name 列表框中选中@timestamp 选项，如图 6.4 所示。在 Kibana 中，默认通过时间戳来排序。如果将日志存入 Elasticsearch 时没有指定@timestamp 字段的内容，则 Elasticsearch 会分配接收到该日志的时间作为该日志@timestamp 的值。

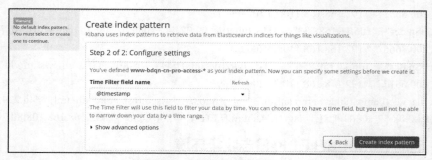

图6.4　选择时间过滤字段名

（3）单击 Create index pattern 按钮，创建 www-bdqn-cn-pro-access 索引后的界面效果如图 6.5 所示。

图6.5 索引创建完毕

（4）单击 Discover 选项卡，可能看不到数据。需要将时间轴选中为 This year 才可以看到内容，显示的条数和日志的条数一致。具体时间轴的选择可以根据当前时间和日志中的访问时间进行推算，如图 6.6 所示。

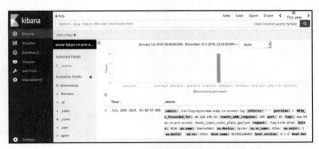

图6.6 查看日志（1）

（5）从图 6.6 中能看到数据，并不代表正常，因为数据会通过 Logstash 处理后进入 Elasticsearch 中存储。数据也不一定是通过上面编写的正则表达式处理的数据，还需要观察左侧的字段是否含有正则表达式中定义的字段。如果有，则说明正常，界面的效果如图 6.7 所示。

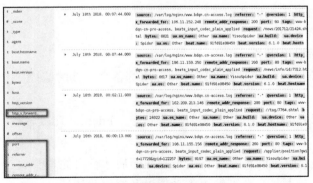

图6.7 查看日志（2）

6.2.9 Kibana 图示分析

打开 Kibana 的管理界面，单击 "Visualize" 选项卡→ "Create a visualization"，选择饼状图（pie），添加索引 www-bdqn-cn-pro-access-*，单击 Split Slices，选择 Terms，再

从 Field 下拉列表中选择 http_x_forworded_for.keyword，最后单击上面的三角按钮即可生成访问最多的 5 个公网 IP 地址，如图 6.8 所示。

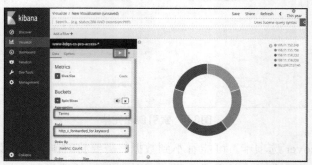

图6.8　Kibana图形展示分析内容

本章小结

通过本章的学习，读者了解了基于 Docker+Filebeat 的架构在生产环境下的日志收集与分析等。同时通过案例的实施，学习、掌握了如何使用 ELKF 收集容器中的日志以及整套环境的搭建和管理。下一章中将会详细介绍 Kubernetes 集群管理 Docker 容器等方面的内容。

本章作业

一、选择题

1．下列（　　）不是 ELK 的一员。
　　A．Logstash　　　　B．Logstach　　　　C．Kibana　　　　D．Elasticsearch
2．下列（　　）没有收集日志功能。
　　A．Flume　　　　　B．Matlab　　　　　C．Filebeat　　　D．Elastic
3．ELK 组件在海量日志系统的运维中，无法解决的问题是（　　）。
　　A．日志的集中查询和管理
　　B．报表显示功能
　　C．提供虚拟化服务
　　D．系统监控，包含对系统硬件和应用等各个组件的监控

二、判断题

1．Filebeat 跟 Logstash 一样都可以收集日志，Filebeat 比较轻量，占用资源比较少，适合安装到生产环境中。（　　）
2．Filebeat 是对收集的日志进行了正则匹配后才输出的。（　　）
3．Elasticsearch 不具有典型的事务功能以及授权和认证的特性。（　　）
4．Kibana 需要运行在 Python 环境下，所以安装 Kibana 时要首先安装 Python。（　　）

三、简答题

1．Filebeat 的工作流程是什么？
2．Docker 日志管理架构的缺陷是什么？
3．企业中常用的日志收集与分析方法是 Docker + ELKF，请简述其工作流程。

第7章

Kubernetes-Docker 集群

技能目标

- 了解 Kubernetes 基本对象
- 掌握 Kubernetes 组件的工作原理
- 会部署 Kubernetes 集群

价值目标

"十四五"规划中围绕云原生、云网、云边、安全、开源、数字化等云计算关键领域制定国际标准6项,行业标准106项,协会标准34项。Kubernetes-Docker 作为重要的云原生应用被广泛应用,为 Docker 提供分布式解决方案。通过云原生应用的学习,丰富学生的国际化视野和学识,增长见识,培养学生的理论自信。

目前 Docker 技术得到广泛使用，从单机走向集群已经成为必然，而云计算技术正在加速这一进程。Kubernetes 作为当前唯一一个被广泛认可的 Docker 分布式解决方案，在未来几年内，将会有大量的系统选择它。

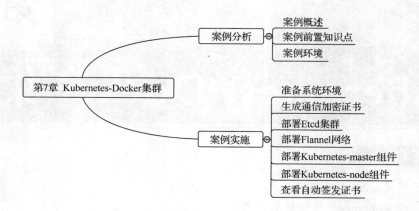

7.1 案例分析

7.1.1 案例概述

随着 Docker 技术的发展和广泛流行，云原生应用和容器调度管理系统成为 IT 领域大热的词汇。在 Docker 技术火爆之前，云计算技术领导者与分布式系统架构推广者就已经提出并开始广泛传播云原生应用的思想。2011 年，Heroku 工程师提出云原生应用的 12 要素，只不过当时是以虚拟机技术作为云原生应用的基础来实施的。虚拟机镜像大，镜像标准、打包流程和工具不统一，导致业界无法广泛接受，限制了云原生应用的发展。而 Docker 技术的出现正好解决了云原生应用构建、交付和运行的瓶颈问题，使得构建云原生应用成为使用 Docker 的开发者的优先选择。

7.1.2 案例前置知识点

1. Kubernetes 概述

Kubernetes 是一个可移植、可扩展的开源 Docker 容器编排系统，主要用于自动化部署、扩展和管理容器应用，并提供资源调度、部署管理、服务发现、扩容缩容、监控等功能。对于负载均衡、服务发现、高可用、滚动升级、自动伸缩等容器云平台的功能要求，Kubernetes 均提供原生支持。由于 Kubernetes 在 K 和 s 间有 8 个字母，因此常简称为 K8s。2015 年 7 月，Kubernetes V1.0 正式发布，目前最新稳定版本是 V1.9。

事实上，随着用户对 K8s 系统架构与设计理念的深入了解，逐渐发现 K8s 系统正是处处为运行云原生应用而设计的。同时，随着用户对 K8s 系统使用的加深和推广，也产生了越来越多的有关云原生应用的设计模式，使得基于 K8s 系统设计和开发生产级的复杂云原生应用变得像启动一个单机版容器服务那样简单易用。

Kubernetes 可以调度计算集群节点、动态管理节点上的作业，并保证它们按用户期望的状态运行。通过使用 Labels（标签）和 Pods（豆荚），Kubernetes 将应用按照逻辑单元进行分组，方便管理和服务发现。

2. 为什么要用 Kubernetes

使用 Kubernetes 具有以下好处。

（1）具备微服务架构

微服务架构的核心是将一个巨大的单体应用分解为很多小的互相连接的微服务。一个微服务背后可能有多个实例副本做支撑，副本的数量会根据系统负荷变化进行调整，而 K8s 平台中内嵌的负载均衡器发挥着重要作用。微服务架构使得每个服务都可以由专门的开发团队来开发，开发者可以自由选择开发技术，这对于大规模团队来说很有价值。另外，每个微服务独立开发、升级、扩展，使得系统具备很高的稳定性和很强的快速迭代进化能力。

（2）具备超强的横向扩容能力

Kubernetes 系统架构具备超强的横向扩容能力。对于互联网公司来说，用户规模意味着资产，谁拥有更多的用户，谁就有可能在竞争中胜出，因此具备横向扩容能力是互联网业务系统的关键指标之一。一个 Kubernetes 集群可从只包含几个 Node 的小集群，平滑扩展到拥有成百上千个 Node 的大规模集群。利用 Kubernetes 提供的工具，甚至可以在线完成集群的扩容。只要微服务设计得合理，再结合硬件或者公有云资源的线性增加，系统就能够承受大量用户并发访问所带来的压力。

3. Kubernetes 组件

为了理解 Kubernetes 的工作原理，先来剖析下 Kubernetes 的结构。Kubernetes 主要包括以下组件。

（1）Master 组件

Master 组件提供集群的管理控制中心，对集群进行全局决策（例如调度），并检测和响应集群事件（例如，当复制控制器的"副本"字段不满足时启动新的 Pod）。基本上 Kubernetes 所有的控制命令都将发给 Master，由 Master 负责具体的执行过程。Master 组件可以在集群中的任何计算机上运行，但建议让 Master 占据一个独立的服务器，因为 Master 是整个集群的大脑，如果 Master 所在节点宕机或者不可用，所有的控制命令都将失效。

Master 组件运行的节点一般称为 Master 节点，在 Master 节点上运行着以下关键进程。

- Kube-apiserver：用于提供 Kubernetes API，任何的资源请求/调用操作都是通过 Kube-apiserver 提供的接口进行的。Kube-apiserver 提供了 HTTP Rest 接口的关键服务进程，是 Kubernetes 中所有资源的增、删、改、查等操作的唯一入口，也是集群控制的入口进程。

- Etcd：是 Kubernetes 提供的默认存储，所有集群数据都保存在 Etcd 中，使用时建议为 Etcd 数据提供备份计划。
- Kube-scheduler：是负责资源调度的进程，监视新创建且没有分配到节点的 Pod，为其选择一个节点。
- Kube-controller-manager：即运行管理控制器，是集群中处理常规任务的后台线程，也是 Kubernetes 里所有资源对象的自动化控制中心。在逻辑上，每个控制器是一个单独的进程，为了降低复杂性，它们都被编译成单个二进制文件放在单个进程中运行。

控制器主要有以下几个。

- 节点控制器（Node Controller）：负责在节点出现故障时发现和响应。
- 复制控制器（Replication Controller）：负责为系统中的每个复制控制器对象维护正确数量的 Pod。
- 端点控制器（Endpoints Controller）：填充端点对象（即连接 Service 和 Pod）。
- 服务账户和令牌控制器（Service Account & Token Controllers）：为新的命名空间创建默认账户和 API 访问令牌。

（2）Node 组件

除了 Master，Kubernetes 集群中的其他机器也被称为 Node 节点。与 Master 节点一样，Node 节点可以是一台物理主机，也可以是一台虚拟机。Node 节点是 Kubernets 集群中的工作负载节点，每个 Node 节点都会被 Master 节点分配一些工作负载。当某个 Node 节点宕机时，其上的工作负载会被 Master 节点自动转移到其他节点上去。

每个 Node 节点上都运行着以下关键进程。

- Kubelet：负责 Pod 对应容器的创建、启停等任务，同时与 Master 节点密切协作，实现集群管理的基本功能。
- Kube-proxy：用于实现 Kubernetes Service 之间的通信与负载均衡机制。
- Docker Engine(docker)：即 Docker 引擎，负责本机的容器创建和管理工作。

Node 节点可以在运行期间动态增加到 Kubernetes 集群中，前提是这个节点上已经正确安装、配置和启动了上述关键进程。在默认情况下，Kubelet 会向 Master 节点注册自己，这也是 Kubernetes 推荐的 Node 节点管理方式。一旦 Node 节点被纳入集群管理范围，Kubelet 进程会定时向 Master 节点汇报自身的情况，例如操作系统、Docker 版本、机器的 CPU 和内存情况，以及之前有哪些 Pod 在运行等。这样 Master 节点可以获知每个 Node 节点的资源使用情况，并实现高效负载均衡资源调度策略。若某一个 Node 节点超过指定时间不上报信息，会被 Master 节点判定为失聪的状态，并被标记为不可用，随后 Master 节点会触发节点转移进程。

4. Kubernetes 资源对象

Kubernetes 包含多种类型的资源对象：Pod、Replication Controller、Service、Deployment、Job、DaemonSet 等。所有的资源对象都可以通过 Kubernetes 提供的 kubectl

工具进行增、删、改、查等操作，并将其保存在 Etcd 中进行持久化存储。从这个角度来看，Kubernets 其实是一个高度自动化的资源控制系统，通过跟踪对比 Etcd 里保存的资源期望状态与当前环境中的实际资源状态的差异，来实现自动控制和自动纠错等高级功能。下面对常用的资源对象分别进行介绍。

（1）Pod

Pod 是 Kubernetes 创建或部署的最小/最简单的基本单位，一个 Pod 代表集群上正在运行的一个进程，由一个或多个容器组成。Pod 中的容器共享存储和网络，在同一台 Docker 主机上运行。每个 Pod 都有一个特殊的称为"根容器"的 Pause 容器。Pause 容器对应的镜像属于 Kubernetes 平台的一部分。除了 Pause 容器，每个 Pod 还包含一个或多个紧密相关的用户业务容器。

（2）Label

Label 是 Kubernetes 系统中的另一个核心概念。一个 Label 是一个 key-value 形式的键值对，其中 key 与 value 由用户自己指定。Label 可以附加到各种资源对象上，例如 Node、Pod、Service、RC 等。一个资源对象可以定义任意数量的 Label，同一个 Label 也可以被添加到任意数量的资源对象中，还可以在对象创建后动态添加或者删除。

另外，可以通过给指定的资源对象捆绑一个或多个不同的 Label，来实现多维度的资源分组管理功能，以便于灵活、方便地进行资源分配、调度、配置、部署等管理工作。给某个资源对象定义一个 Label，就相当于给它打了一个标签，随后可以通过标签选择器查询和筛选拥有某些 Label 的资源对象，Kubernetes 通过这种方式实现了类似 SQL 的简单又通用的对象查询机制。

（3）Replication Controller

Replication Controller（复制控制器，RC）是 Kubernetes 集群中应用最早的用来保证 Pod 高可用的 API 对象。通过监控运行中的 Pod 来保证集群中运行指定数目的 Pod 副本，指定的数目可以是一个或多个。如果少于指定数目，RC 就会运行新的 Pod 副本；如果多于指定数目，RC 就会"杀死"多余的 Pod 副本。即使在数目为 1 的情况下，通过 RC 运行 Pod 也比直接运行 Pod 更明智，因为 RC 可以发挥它高可用的能力，保证永远有一个 Pod 在运行。RC 是 K8s 较早期使用的技术，只适用于长期服务型的任务，比如控制小机器人提供高可用的 Web 服务。

（4）Deployment

Deployment（部署）表示用户对 K8s 集群的一次更新操作。Deployment 是一个比 RS（Replica Set，被认为是"升级版"的 RC，用于保证运行中的 Pod 数量维持在期望状态）应用更广的 API 对象，可以是创建一个新的服务，更新一个新的服务，也可以是滚动升级一个服务。滚动升级一个服务，实际上是创建一个新的 RS，然后逐渐将新 RS 中的副本数增加到理想状态，将旧 RS 中的副本数减小到 0 的复合操作。这样的复合操作用一个 RS 不太好描述，需要用一个更通用的 Deployment 来描述。未来对所有长期服务型的任务，都会通过 Deployment 来管理。

（5）Service

RC 和 Deployment 只是保证了支撑 Service（服务）的微服务 Pod 的数量，并没有解决如何访问这些服务的问题。一个 Pod 只是一个运行服务的实例，随时可能在一个节点上停止，在另一个节点以一个新的 IP 地址启动，因此不能以固定的 IP 地址和端口号提供服务。要稳定地提供服务，需要服务发现和负载均衡能力。服务发现完成的工作是针对客户端访问的服务，找到对应的后端服务实例。

在 K8s 集群中，客户端需要访问的服务就是 Service 对象。每个 Service 会对应一个集群内部有效的虚拟 IP，在集群内部通过虚拟 IP 访问一个服务。在 K8s 集群中，微服务的负载均衡是由 Kube-proxy 实现的。Kube-proxy 是 K8s 集群内部的负载均衡器。它是一个分布式代理服务器，在 K8s 的每个节点上都会运行一个 Kube-proxy 组件，这一设计体现了它的伸缩性优势。需要访问服务的节点越多，提供负载均衡能力的 Kube-proxy 就越多，高可用节点也随之增多。与之相比，若通过在服务器端部署反向代理完成负载均衡，还需要进一步解决反向代理的负载均衡和高可用问题。

（6）Job

Job（计划任务）是 Kubernetes 用来控制批处理型任务的 API 对象。批处理型任务与长期服务型任务的主要区别是批处理型任务的运行有头有尾，而长期服务型任务在用户不停止的情况下将永远运行。根据用户的设置，Job 管理的 Pod 把任务成功完成就自动退出了。而成功完成的标志根据不同的 spec.completions 策略有所不同：单 Pod 型任务有一个 Pod 成功就标志完成；定数成功型任务要保证有 N 个任务全部成功才标志完成；工作队列型任务则根据应用确认的全局成功标志完成。

（7）DaemonSet

后台支撑型服务的核心关注点是在 Kubernetes 集群中的节点（物理机或虚拟机）上。DaemonSet（守护程序集）确保所有或某些节点运行同一个 Pod，并保证每个节点上都有一个此类 Pod 在运行。节点可能是所有集群节点，也可能是通过节点选择器选定的一些特定节点。典型的后台支撑型服务包括存储、日志和监控等在每个节点上支持 K8s 集群运行的服务。

上述组件与资源对象是 Kubernetes 系统的核心，它们共同构成了 Kubernetes 系统的框架和计算模型，如图 7.1 所示。通过对它们进行灵活配置，用户就可以快速、方便地对容器集群进行配置和管理。除了本章介绍的核心组件与资源对象之外，在 Kubernetes 系统中还有很多辅助的资源对象，如 LimitRange、ResouceQuota。另外，一些系统内部使用的对象可以参考 Kubernetes 的 API 文档。

请扫描二维码观看视频讲解。

Kubernetes 工作原理

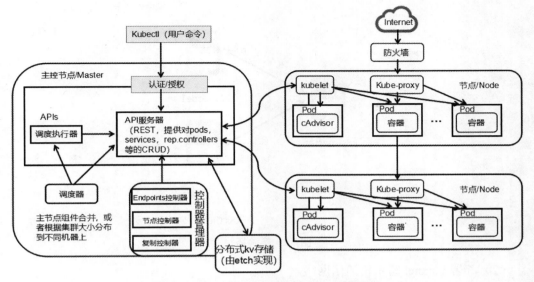

图7.1 Kubernetes系统的框架和计算模型

7.1.3 案例环境

1. 本案例实验环境

本案例实验环境如表 7-1 所示。

表 7-1 K8s 系统环境

主机	操作系统	主机名/IP 地址	主要软件
服务器 1	CentOS 7.3	k8s-master/192.168.0.107	Docker CE
服务器 2	CentOS 7.3	k8s-node1/192.168.0.108	Docker CE
服务器 3	CentOS 7.3	k8s-node2/192.168.0.109	Docker CE

本案例环境角色分配如表 7-2 所示。

表 7-2 Docker 角色分配

IP 地址	Hostname	Roles and Service
192.168.0.107	k8s-master	Master Kube-apiserver Kube-controller-manager Kube-scheduler Kubelet Etcd
192.168.0.108	k8s-node1	Node Kubectl Kube-proxy Flannel Etcd
192.168.0.109	k8s-node2	Node Kubectl Kube-proxy Flannel Etcd

2. 案例拓扑

本案例实验拓扑如图 7.2 所示。

3. 案例需求

本案例的需求描述如下。

（1）部署 Etcd 服务集群。

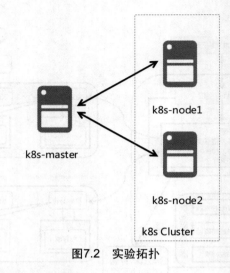

图7.2 实验拓扑

（2）部署 Flannel 跨主机通信网络。

（3）部署 K8s 集群。

4. 案例实现思路

本案例的实现思路如下。

（1）准备 K8s 系统环境。

（2）创建自动签发的 TLS 通信加密证书。

（3）部署 Etcd 集群。

（4）部署 Flannel 网络。

（5）部署 K8s Master 组件。

（6）部署 K8s Node 组件。

（7）查看自动签发证书，验证 K8s 集群是否部署成功。

7.2 案例实施

7.2.1 准备系统环境

1. 主机配置

为三台主机分别设置主机名，具体操作如下所示：

[root@localhost ~]# hostnamectl set-hostname k8s-master   //192.168.0.107 主机上操作
[root@localhost ~]# bash
[root@k8s-master ~]#
[root@localhost ~]# hostnamectl set-hostname k8s-node1 //192.168.0.108 主机上操作
[root@localhost ~]# bash
[root@k8s-node1 ~]#
[root@localhost ~]# hostnamectl set-hostname k8s-node1 //192.168.0.109 主机上操作

[root@localhost ~]# bash
[root@k8s-node2 ~]#

在三台主机上修改 hosts 文件并添加地址解析记录。下面以 k8s-master 主机为例进行操作。

[root@k8s-master ~]# cat << EOF > /etc/hosts
192.168.0.107 k8s-master
192.168.0.108 k8s-node1
192.168.0.109 k8s-node2
EOF

在所有主机上添加外网 DNS 服务器，也可以根据本地的网络环境添加相对应的 DNS 服务器。下面以 k8s-master 主机为例进行操作。

[root@k8s-master ~]#   echo "nameserver 202.106.0.20">> /etc/resolv.conf

2. 安装 Docker

在所有主机上安装并配置 Docker。下面以 k8s-master 主机为例进行操作。

[root@k8s-master ~]# yum -y install iptable* wget telnet lsof vim
[root@k8s-master ~]# yum install -y yum-utils device-mapper-persistent-data lvm2
[root@k8s-master ~]# yum-config-manager --add-repo https://download.docker.com/linux/centos/docker-ce.repo
[root@k8s-master ~]# yum -y install docker-ce
[root@k8s-master ~]# systemctl start docker
[root@k8s-master ~]# cat << EOF > /etc/docker/daemon.json
{
"registry-mirrors":["https://registry.docker-cn.com"]
}
EOF
[root@k8s-master ~]# systemctl restart docker

3. 设置防火墙

K8s 创建容器时需要生成 iptables 规则，必须将 CentOS 7.3 默认的 Firewalld 防火墙换成 iptables。在所有主机上设置防火墙，以 k8s-master 主机为例进行操作。

[root@k8s-master ~]# systemctl stop firewalld
[root@k8s-master ~]# systemctl start iptables
[root@k8s-master ~]# iptables -F
[root@k8s-master ~]# iptables -I INPUT -s 192.168.168.0/24 -j ACCEPT

7.2.2 生成通信加密证书

Kubernetes 系统各组件之间需要使用 TLS 证书对通信进行加密，本案例使用 CloudFlare 的 PKI 工具集 CFSSL 来生成 Certificate Authority 和其他证书。

1. 生成 CA 证书

执行以下操作，创建证书存放位置并安装证书生成工具。

[root@k8s-master ~]# mkdir -p /root/software/ssl
[root@k8s-master ~]# cd /root/software/ssl/

```
[root@k8s-master ssl]# wget https://pkg.cfssl.org/R1.2/cfssl_linux-amd64
[root@k8s-master ssl]# wget https://pkg.cfssl.org/R1.2/cfssljson_linux-amd64
[root@k8s-master ssl]# wget https://pkg.cfssl.org/R1.2/cfssl-certinfo_linux-amd64
[root@k8s-master ssl]# chmod +x *                //下载完后设置执行权限
[root@k8s-master ssl]# mv cfssl_linux-amd64 /usr/local/bin/cfssl
[root@k8s-master ssl]# mv cfssljson_linux-amd64 /usr/local/bin/cfssljson
[root@k8s-master ssl]# mv cfssl-certinfo_linux-amd64 /usr/local/bin/cfssl-certinfo
[root@k8s-master ssl]# cfssl --help
Usage:
Available commands:
        genkey
        gencert
        gencrl
        ocspsign
        ocspserve
        scan
        certinfo
        version
        info
        sign
        selfsign
        ocsprefresh
        bundle
        ocspdump
        revoke
        serve
        print-defaults
Top-level flags:
    -allow_verification_with_non_compliant_keys
        Allow a SignatureVerifier to use keys which are technically non-compliant with RFC6962.
    -loglevel int
        Log level (0 = DEBUG, 5 = FATAL) (default 1)
```

执行以下命令，复制证书生成脚本：

```
[root@k8s-master ssl]# cat > ca-config.json <<EOF           //创建 ca-config.json
> {
>   "signing": {
>     "default": {
>       "expiry": "87600h"
>     },
>     "profiles": {
>       "kubernetes": {
>         "expiry": "87600h",
>         "usages": [
```

```
>                 "signing",
>                 "key encipherment",
>                 "server auth",
>                 "client auth"
>             ]
>         }
>     }
> }
> EOF
[root@k8s-master ssl]# cat > ca-csr.json <<EOF          //创建 ca-csr.json
> {
>     "CN": "kubernetes",
>     "key": {
>         "algo": "rsa",
>         "size": 2048
>     },
>     "names": [
>         {
>             "C": "CN",
>             "L": "Beijing",
>             "ST": "Beijing",
>             "O": "k8s",
>             "OU": "System"
>         }
>     ]
> }
> EOF
```

执行以下操作，生成 CA 证书：

```
[root@k8s-master ssl]# cfssl gencert -initca ca-csr.json | cfssljson -bare ca -
2018/10/11 15:45:01 [INFO] generating a new CA key and certificate from CSR
2018/10/11 15:45:01 [INFO] generate received request
2018/10/11 15:45:01 [INFO] received CSR
2018/10/11 15:45:01 [INFO] generating key: rsa-2048
2018/10/11 15:45:03 [INFO] encoded CSR
2018/10/11 15:45:03 [INFO] signed certificate with serial number 630942311384208697263209982294634613972182361711
```

2．生成 Server 证书

执行以下操作，创建 kubernetes-csr.json 文件并生成 Server 证书。文件中配置的 IP 地址是使用该证书的主机 IP 地址，根据实际的实验环境填写。其中，10.10.10.1 是 kubernetes 自带的 Service。

```
[root@k8s-master ssl]# cat > server-csr.json <<EOF
```

```
> {
>     "CN": "kubernetes",
>     "hosts": [
>       "127.0.0.1",
>       "192.168.0.107",
>       "192.168.0.108",
>       "192.168.0.109",
>       "10.10.10.1",
>       "kubernetes",
>       "kubernetes.default",
>       "kubernetes.default.svc",
>       "kubernetes.default.svc.cluster",
>       "kubernetes.default.svc.cluster.local"
>     ],
>     "key": {
>         "algo": "rsa",
>         "size": 2048
>     },
>     "names": [
>         {
>             "C": "CN",
>             "L": "BeiJing",
>             "ST": "BeiJing",
>             "O": "k8s",
>             "OU": "System"
>         }
>     ]
> }
> EOF
```

[root@k8s-master ssl]# cfssl gencert -ca=ca.pem -ca-key=ca-key.pem -config=ca-config.json -profile=kubernetes server-csr.json | cfssljson -bare server

2018/10/11 16:18:29 [INFO] generate received request
2018/10/11 16:18:29 [INFO] received CSR
2018/10/11 16:18:29 [INFO] generating key: rsa-2048
2018/10/11 16:18:30 [INFO] encoded CSR
2018/10/11 16:18:30 [INFO] signed certificate with serial number 696936290697215377019346385881292283492618301021
2018/10/11 16:18:30 [WARNING] This certificate lacks a "hosts" field. This makes it unsuitable for websites. For more information see the Baseline Requirements for the Issuance and Management of Publicly-Trusted Certificates, v.1.1.6, from the CA/Browser Forum (https://cabforum.org); specifically, section 10.2.3 ("Information Requirements").

3. 生成 admin 证书

执行以下操作，创建 admin-csr.json 文件并生成 admin 证书。

```
[root@k8s-master ssl]# cat > admin-csr.json <<EOF
> {
>     "CN": "admin",
>     "hosts": [],
>     "key": {
>         "algo": "rsa",
>         "size": 2048
>     },
>     "names": [
>         {
>             "C": "CN",
>             "L": "BeiJing",
>             "ST": "BeiJing",
>             "O": "system:masters",
>             "OU": "System"
>         }
>     ]
> }
> EOF
[root@k8s-master ssl]# cfssl gencert -ca=ca.pem -ca-key=ca-key.pem -config=ca-config.json -profile=kubernetes admin-csr.json | cfssljson -bare admin
//admin 证书是用于管理员访问集群的证书
2018/10/11 16:19:25 [INFO] generate received request
2018/10/11 16:19:25 [INFO] received CSR
2018/10/11 16:19:25 [INFO] generating key: rsa-2048
2018/10/11 16:19:25 [INFO] encoded CSR
2018/10/11 16:19:25 [INFO] signed certificate with serial number 439689065254657571272439456610366032209663756833
2018/10/11 16:19:25 [WARNING] This certificate lacks a "hosts" field. This makes it unsuitable for websites. For more information see the Baseline Requirements for the Issuance and Management of Publicly-Trusted Certificates, v.1.1.6, from the CA/Browser Forum (https://cabforum.org); specifically, section 10.2.3 ("Information Requirements").
```

4. 生成 proxy 证书

执行以下操作，创建 kube-proxy-csr.json 文件并生成证书：

```
[root@k8s-master ssl]# cat > kube-proxy-csr.json <<EOF
> {
>     "CN": "system:kube-proxy",
>     "hosts": [],
>     "key": {
>         "algo": "rsa",
>         "size": 2048
>     },
>     "names": [
```

```
>         {
>             "C": "CN",
>             "L": "BeiJing",
>             "ST": "BeiJing",
>             "O": "k8s",
>             "OU": "System"
>         }
>     ]
> }
> EOF
```

[root@k8s-master ssl]# cfssl gencert -ca=ca.pem -ca-key=ca-key.pem -config=ca-config.json -profile=kubernetes kube-proxy-csr.json | cfssljson -bare kube-proxy

2018/10/11 16:20:38 [INFO] generate received request

2018/10/11 16:20:38 [INFO] received CSR

2018/10/11 16:20:38 [INFO] generating key: rsa-2048

2018/10/11 16:20:38 [INFO] encoded CSR

2018/10/11 16:20:38 [INFO] signed certificate with serial number 365265991672427714664041449712041188239693003656

2018/10/11 16:20:38 [WARNING] This certificate lacks a "hosts" field. This makes it unsuitable for websites. For more information see the Baseline Requirements for the Issuance and Management of Publicly-Trusted Certificates, v.1.1.6, from the CA/Browser Forum (https://cabforum.org); specifically, section 10.2.3 ("Information Requirements").

[root@k8s-master ssl]# ls | grep -v pem | xargs -i rm {} //删除证书以外的 json 文件，只保留 pem 证书

7.2.3 部署 Etcd 集群

执行以下操作，创建配置文件目录：

[root@k8s-master ssl]# mkdir /opt/kubernetes

[root@k8s-master ssl]# mkdir /opt/kubernetes/{bin,cfg,ssl}

执行以下操作，解压 etcd 软件包并复制二进制 bin 文件：

[root@k8s-master ～]# tar zxf etcd-v3.2.12-linux-amd64.tar.gz

[root@k8s-master ～]# cd etcd-v3.2.12-linux-amd64/

[root@k8s-master etcd-v3.2.12-linux-amd64]# mv etcd /opt/kubernetes/bin/

[root@k8s-master etcd-v3.2.12-linux-amd64]# mv etcdctl /opt/kubernetes/bin/

创建完配置目录并准备好 Etcd 软件安装包之后，即可配置 Etcd 集群。具体操作如下所示。

1. 在 k8s-master 主机上部署 Etcd 主节点

（1）创建 Etcd 配置文件，操作如下：

[root@k8s-master etcd-v3.2.12-linux-amd64]# vim /opt/kubernetes/cfg/etcd

#[Member]

ETCD_NAME="etcd01"

ETCD_DATA_DIR="/var/lib/etcd/default.etcd"

ETCD_LISTEN_PEER_URLS="https://192.168.0.107:2380"

ETCD_LISTEN_CLIENT_URLS="https://192.168.0.107:2379"
#[Clustering]
ETCD_INITIAL_ADVERTISE_PEER_URLS="https://192.168.0.107:2380"
ETCD_ADVERTISE_CLIENT_URLS="https://192.168.0.107:2379"
ETCD_INITIAL_CLUSTER="etcd01=https://192.168.0.107:2380,etcd02=https://192.168.0.108:2380,etcd03=https://192.168.0.109:2380"
ETCD_INITIAL_CLUSTER_TOKEN="etcd-cluster"
ETCD_INITIAL_CLUSTER_STATE="new"

（2）创建脚本配置文件，操作如下：

[root@k8s-master etcd-v3.2.12-linux-amd64]# vim /usr/lib/systemd/system/etcd.service
[Unit]
Description=Etcd Server
After=network.target
After=network-online.target
Wants=network-online.target

[Service]
Type=notify
EnvironmentFile=-/opt/kubernetes/cfg/etcd
ExecStart=/opt/kubernetes/bin/etcd \
--name=${ETCD_NAME} \
--data-dir=${ETCD_DATA_DIR} \
--listen-peer-urls=${ETCD_LISTEN_PEER_URLS} \
--listen-client-urls=${ETCD_LISTEN_CLIENT_URLS},http://127.0.0.1:2379 \
--advertise-client-urls=${ETCD_ADVERTISE_CLIENT_URLS} \
--initial-advertise-peer-urls=${ETCD_INITIAL_ADVERTISE_PEER_URLS} \
--initial-cluster=${ETCD_INITIAL_CLUSTER} \
--initial-cluster-token=${ETCD_INITIAL_CLUSTER} \
--initial-cluster-state=new \
--cert-file=/opt/kubernetes/ssl/server.pem \
--key-file=/opt/kubernetes/ssl/server-key.pem \
--peer-cert-file=/opt/kubernetes/ssl/server.pem \
--peer-key-file=/opt/kubernetes/ssl/server-key.pem \
--trusted-ca-file=/opt/kubernetes/ssl/ca.pem \
--peer-trusted-ca-file=/opt/kubernetes/ssl/ca.pem
Restart=on-failure
LimitNOFILE=65536

[Install]
WantedBy=multi-user.target

（3）复制 Etcd 启动所依赖的证书，操作如下：

[root@k8s-master etcd-v3.2.12-linux-amd64]# cd /root/software
[root@k8s-master software]# cp ssl/server*pem ssl/ca*.pem /opt/kubernetes/ssl/

（4）启动 Etcd 主节点。若主节点启动出现卡顿，直接按 Ctrl+C 组合键终止即可。

[root@k8s-master software]# systemctl start etcd
[root@k8s-master software]# systemctl enable etcd
Created symlink from /etc/systemd/system/multi-user.target.wants/etcd.service to /usr/lib/systemd/system/etcd.service.

（5）查看 Etcd 启动结果，操作如下：

[root@k8s-master software]# ps -ef | grep etcd
root   30447   1 1 10:18 ?   00:00:00 /opt/kubernetes/bin/etcd --name=etcd01 --data-dir=/var/lib/etcd/default.etcd --listen-peer-urls=https://192.168.0.107:2380 --listen-client-urls=https://192.168.0.107:2379,http://127.0.0.1:2379 --advertise-client-urls=https://192.168.0.107:2379 --initial-advertise-peer-urls=https://192.168.0.107:2380 --initial-cluster=etcd01=https://192.168.0.107:2380etcd02=https://192.168.0.108:2380,etcd03=https://192.168.0.109:2380 --initial-cluster-token=etcd01=https://192.168.0.107:2380,etcd02=https://192.168.0.108:2380, etcd03=https://192.168.0.109:2380 --initial-cluster-state=new --cert-file=/opt/kubernetes/ssl/server.pem --key-file=/opt/kubernetes/ssl/server-key.pem --peer-cert-file=/opt/kubernetes/ssl/server.pem --peer-key-file=/opt/kubernetes/ssl/server-key.pem --trusted-ca-file=/opt/kubernetes/ssl/ca.pem --peer-trusted-ca-file=/opt/kubernetes/ssl/ca.pem

root   30471 29612 0 10:18 pts/4   00:00:00 grep --color=auto etcd

2. 在 k8s-node1、k8s-node2 主机上部署 Etcd 主节点

（1）复制 Etcd 配置文件到 Node 节点主机，然后修改对应的主机 IP 地址。

[root@k8s-master ~]# rsync -avcz /opt/kubernetes/* 192.168.0.108:/opt/kubernetes/
[root@k8s-node1 ~]# vim /opt/kubernetes/cfg/etcd
#[Member]
ETCD_NAME="etcd02"
ETCD_DATA_DIR="/var/lib/etcd/default.etcd"
ETCD_LISTEN_PEER_URLS="https://192.168.0.108:2380"
ETCD_LISTEN_CLIENT_URLS="https://192.168.0.108:2379"

#[Clustering]
ETCD_INITIAL_ADVERTISE_PEER_URLS="https://192.168.0.108:2380"
ETCD_ADVERTISE_CLIENT_URLS="https://192.168.0.108:2379"
ETCD_INITIAL_CLUSTER="etcd01=https://192.168.0.107:2380,etcd02=https://192.168.0.108:2380,etcd03=https://192.168.0.109:2380"
ETCD_INITIAL_CLUSTER_TOKEN="etcd-cluster"
ETCD_INITIAL_CLUSTER_STATE="new"

[root@k8s-master ~]# rsync -avcz /opt/kubernetes/* 192.168.0.109:/opt/kubernetes/
[root@k8s-node2 ~]# vim /opt/kubernetes/cfg/etcd
#[Member]
ETCD_NAME="etcd03"
ETCD_DATA_DIR="/var/lib/etcd/default.etcd"
ETCD_LISTEN_PEER_URLS="https://192.168.0.109:2380"
ETCD_LISTEN_CLIENT_URLS="https://192.168.0.109:2379"

#[Clustering]
ETCD_INITIAL_ADVERTISE_PEER_URLS="https://192.168.0.109:2380"
ETCD_ADVERTISE_CLIENT_URLS="https://192.168.0.109:2379"
ETCD_INITIAL_CLUSTER="etcd01=https://192.168.0.107:2380,etcd02=https://192.168.0.108:2380,etcd03=https://192.168.0.109:2380"
ETCD_INITIAL_CLUSTER_TOKEN="etcd-cluster"
ETCD_INITIAL_CLUSTER_STATE="new"

（2）复制启动脚本文件，操作如下：

[root@k8s-master ~]# scp /usr/lib/systemd/system/etcd.service 192.168.0.108:/usr/lib/systemd/system/

[root@k8s-master ~]# scp /usr/lib/systemd/system/etcd.service 192.168.0.109:/usr/lib/systemd/system/

（3）启动 Node 节点上的 Etcd，操作如下：

[root@k8s-node1 ~]# systemctl start etcd
[root@k8s-node2 ~]# systemctl start etcd

3. 查看 Etcd 集群部署状况

（1）为 Etcd 命令添加全局环境变量，操作如下：

[root@k8s-master ~]# vim /etc/profile
PATH=$PATH:/opt/kubernetes/bin
[root@k8s-master ~]# source /etc/profile

（2）查看 Etcd 集群部署状况，操作如下：

[root@k8s-master ssl]# cd /root/software/ssl/

[root@k8s-master ssl]# etcdctl --ca-file=ca.pem --cert-file=server.pem --key-file=server-key.pem --endpoints="https://192.168.0.107:2379,https://192.168.0.108:2379,https://192.168.0.109:2379" cluster-health
member d98aeda9406262e is healthy: got healthy result from https://192.168.0.109:2379
member 4fd8139c55484b86 is healthy: got healthy result from https://192.168.0.107:2379
member 846eaeba5ec817ba is healthy: got healthy result from https://192.168.0.108:2379
cluster is healthy

至此，完成 Etcd 集群部署。

7.2.4 部署 Flannel 网络

Flannel 网络是 Overlay 网络的一种，它将源数据包封装在另一种网络包中进行路由转发和通信，目前已经支持 UDP、VXLAN、AWS、VPC 和 GCE 路由等数据转发方式。多主机容器网络通信的其他主流方案包括隧道方案（Weave、OpenSwitch）、路由方案（Calico）等。

1. 分配子网段到 Etcd

（1）在 Master 节点分配子网段到 Etcd，供 flanneld 服务使用。

[root@k8s-master flannel]# cd /root/software/ssl/

[root@k8s-master ssl]# etcdctl -ca-file=ca.pem --cert-file=server.pem --key-file=server-key.pem --endpoints="https://192.168.0.107:2379,https://192.168.0.108:2379,https://192.168.0.109:2379" set /coreos.

com/network/config '{"Network":"172.17.0.0/16","Backend":{"Type":"vxlan"} }'

（2）解压 Flannel 二进制文件并分别复制到 Node 节点。

[root@k8s-master ssl]# cd

[root@k8s-master ~]#tar zxf flannel-v0.9.1-linux-amd64.tar.gz

[root@k8s-master ~]#scp flanneld mk-docker-opts.sh 192.168.0.108:/opt/kubernetes/bin/

[root@k8s-master ~]# scp flanneld mk-docker-opts.sh 192.168.0.109:/opt/kubernetes/bin/

2. 配置 Flannel

（1）在 k8s-node1 与 k8s-node2 主机上分别编辑 flanneld 配置文件。下面以 k8s-node1 为例进行操作演示。

[root@k8s-node1 ~]# vim /opt/kubernetes/cfg/flanneld

FLANNEL_OPTIONS="--etcd-endpoints=https://192.168.0.107:2379,https://192.168.0.108:2379,https://192.168.0.109:2379 -etcd-cafile=/opt/kubernetes/ssl/ca.pem -etcd-certfile=/opt/kubernetes/ssl/server.pem -etcd-keyfile=/opt/kubernetes/ssl/server-key.pem"

（2）在 k8s-node1 与 k8s-node2 主机上分别创建 flanneld.service 脚本文件来管理 Flanneld。下面以 k8s-node1 为例进行操作演示。

[root@k8s-node1 ~]# cat <<EOF >/usr/lib/systemd/system/flanneld.service
[Unit]
Description=Flanneld overlay address etcd agent
After=network-online.target network.target
Before=docker.service

[Service]
Type=notify
EnvironmentFile=/opt/kubernetes/cfg/flanneld
ExecStart=/opt/kubernetes/bin/flanneld --ip-masq $FLANNEL_OPTIONS
ExecStartPost=/opt/kubernetes/bin/mk-docker-opts.sh -k DOCKER_NETWORK_OPTIONS -d /run/flannel/subnet.env
Restart=on-failure

[Install]
WantedBy=multi-user.target

EOF

（3）在 k8s-node1 与 k8s-node2 主机上配置 Docker 启动网段，修改 Docker 配置脚本文件。下面以 k8s-node1 为例进行操作演示。

[root@k8s-node1 ~]#vim /usr/lib/systemd/system/docker.service

EnvironmentFile=/run/flannel/subnet.env

//新添加配置文件，目的是让 Docker 网桥分发的 IP 地址与 Flanneld 网桥在同一个网段。网桥用于连接不同网络，将所有容器和本地主机都放到同一个物理网络。

ExecStart=/usr/bin/dockerd $DOCKER_NETWORK_OPTIONS

//添加$ DOCKER_NETWORK_OPTIONS 变量，调用 Flannel 网桥的 IP 地址

3．重启 Flannel

（1）重启 k8s-node1 主机上的 flanneld 服务，操作如下：

[root@k8s-node1 ~]# systemctl start flanneld
[root@k8s-node1 ~]# systemctl daemon-reload
[root@k8s-node1 ~]# systemctl restart docker
[root@k8s-node1 ~]# ifconfig　　　　//查看 Flannel 是否与 Docker 在同一网段
docker0: flags=4099<UP,BROADCAST,MULTICAST>　mtu 1500
        inet 172.17.73.1　netmask 255.255.255.0　broadcast 172.17.73.255
        ether 02:42:64:c2:d1:4b　txqueuelen 0　(Ethernet)
        RX packets 0　bytes 0 (0.0 B)
        RX errors 0　dropped 0　overruns 0　frame 0
        TX packets 0　bytes 0 (0.0 B)
        TX errors 0　dropped 0 overruns 0　carrier 0　collisions 0
flannel.1: flags=4163<UP,BROADCAST,RUNNING,MULTICAST>　mtu 1450
        inet 172.17.73.0　netmask 255.255.255.255　broadcast 0.0.0.0
        inet6 fe80::7818:e0ff:fe4a:589e　prefixlen 64　scopeid 0x20<link>
        ether 7a:18:e0:4a:58:9e　txqueuelen 0　(Ethernet)
        RX packets 0　bytes 0 (0.0 B)
        RX errors 0　dropped 0　overruns 0　frame 0
        TX packets 0　bytes 0 (0.0 B)
        TX errors 0　dropped 8 overruns 0　carrier 0　collisions 0

[root@k8s-node1 ~]# scp /usr/lib/systemd/system/flanneld.service 192.168.0.109:/usr/lib/systemd/system/

[root@k8s-node1 ~]# scp /opt/kubernetes/cfg/flanneld 192.168.0.109:/opt/kubernetes/cfg/

[root@k8s-node1 ~]# scp /usr/lib/systemd/system/docker.service 192.168.0.109:/usr/lib/systemd/system/

（2）重启 k8s-node2 主机上的 flanneld 服务，操作如下：

[root@k8s-node2 ~]# systemctl start flanneld
[root@k8s-node2 ~]# systemctl daemon-reload
[root@k8s-node2~]# systemctl restart docker
　[root@k8s-node2 ~]# ifconfig　　　　//查看 Flannel 是否与 Docker 在同一网段
docker0: flags=4099<UP,BROADCAST,MULTICAST>　mtu 1500
        inet 172.17.16.1　netmask 255.255.255.0　broadcast 172.17.16.255
        ether 02:42:11:8d:bd:9e　txqueuelen 0　(Ethernet)
        RX packets 0　bytes 0 (0.0 B)
        RX errors 0　dropped 0　overruns 0　frame 0
        TX packets 0　bytes 0 (0.0 B)
        TX errors 0　dropped 0 overruns 0　carrier 0　collisions 0
flannel.1: flags=4163<UP,BROADCAST,RUNNING,MULTICAST>　mtu 1450
        inet 172.17.16.0　netmask 255.255.255.255　broadcast 0.0.0.0

```
inet6 fe80::7448:27ff:fef5:b4bd    prefixlen 64    scopeid 0x20<link>
ether 76:48:27:f5:b4:bd    txqueuelen 0    (Ethernet)
RX packets 0    bytes 0 (0.0 B)
RX errors 0    dropped 0    overruns 0    frame 0
TX packets 0    bytes 0 (0.0 B)
TX errors 0    dropped 27 overruns 0    carrier 0    collisions 0
```

4. 测试 Flanneld 是否安装成功

在 k8s-node2 上测试到 node1 节点 docker0 网桥 IP 地址的连通性，出现如下结果说明 flanneld 安装成功。

```
[root@k8s-node2 ~]# ping 172.17.73.1   //
PING 172.17.73.1 (172.17.73.1) 56(84) bytes of data.
64 bytes from 172.17.73.1: icmp_seq=1 ttl=64 time=0.239 ms
64 bytes from 172.17.73.1: icmp_seq=2 ttl=64 time=0.187 m
```

至此 Node 节点的 Flannel 配置完成。

7.2.5 部署 Kubernetes-master 组件

在 k8s-master 主机上依次进行如下操作，部署 Kubernetes-master 组件。

1. 添加 kubectl 命令环境

执行以下命令，添加 kubectl 命令环境：

```
[root@k8s-master ~]# cp kubectl /opt/kubernetes/bin/
[root@k8s-master ~]# chmod +x /opt/kubernetes/bin/kubectl
```

2. 创建 TLS Bootstrapping Token

执行以下命令，创建 TLS Bootstrapping Token：

```
[root@k8s-master ~]# cd /opt/kubernetes/
[root@k8s-master kubernetes]# export BOOTSTRAP_TOKEN=$(head -c 16 /dev/urandom | od -An -t x | tr -d ' ')
[root@k8s-master kubernetes]# cat > token.csv <<EOF
${BOOTSTRAP_TOKEN},kubelet-bootstrap,10001,"system:kubelet-bootstrap"
EOF
```

3. 创建 Kubelet kubeconfig

执行以下命令，创建 Kubelet kubeconfig：

```
[root@k8s-master kubernetes]# export KUBE_APISERVER="https://192.168.0.107:6443"
```

（1）设置集群参数

```
[root@k8s-master ssl]# cd /root/software/ssl/
[root@k8s-master ssl]# kubectl config set-cluster kubernetes \
--certificate-authority=./ca.pem \
--embed-certs=true \
--server=${KUBE_APISERVER} \
--kubeconfig=bootstrap.kubeconfig
Cluster "kubernetes" set.
```

（2）设置客户端认证参数

[root@k8s-master ssl]# kubectl config set-credentials kubelet-bootstrap \
--token=${BOOTSTRAP_TOKEN} \
--kubeconfig=bootstrap.kubeconfig
User "kubelet-bootstrap" set.

（3）设置上下文参数

[root@k8s-master ssl]# kubectl config set-context default \
--cluster=kubernetes \
--user=kubelet-bootstrap \
--kubeconfig=bootstrap.kubeconfig
Context "default" created.

（4）设置默认上下文

[root@k8s-master ssl]# kubectl config use-context default --kubeconfig=bootstrap.kubeconfig
Switched to context "default".

4. 创建 kuby-proxy kubeconfig

执行以下命令，创建 kuby-proxy kubeconfig：

[root@k8s-master ssl]# kubectl config set-cluster kubernetes \
--certificate-authority=./ca.pem \
--embed-certs=true \
--server=${KUBE_APISERVER} \
--kubeconfig=kube-proxy.kubeconfig
Cluster "kubernetes" set.
[root@k8s-master ssl]# kubectl config set-credentials kube-proxy \
--client-certificate=./kube-proxy.pem \
--client-key=./kube-proxy-key.pem \
--embed-certs=true \
--kubeconfig=kube-proxy.kubeconfig
User "kube-proxy" set.
[root@k8s-master ssl]# kubectl config set-context default \
--cluster=kubernetes \
--user=kube-proxy \
--kubeconfig=kube-proxy.kubeconfig
Context "default" created.
[root@k8s-master ssl]# kubectl config use-context default --kubeconfig=kube-proxy.kubeconfig
Switched to context "default".

5. 部署 Kube-apiserver

执行以下命令，部署 Kube-apiserver：

[root@k8s-master ~]#unzip master.zip
Archive: master.zip
　　inflating: kube-apiserver
　　inflating: kube-controller-manager
　　inflating: kube-scheduler
　　inflating: apiserver.sh

```
            inflating: controller-manager.sh
            inflating: scheduler.sh
    replace kubectl? [y]es, [n]o, [A]ll, [N]one, [r]ename: y
            inflating: kubectl
```

[root@k8s-master ~]# mv kube-controller-manager kube-scheduler kube-apiserver /opt/kubernetes/bin/
[root@k8s-master ~]# chmod +x /opt/kubernetes/bin/*
[root@k8s-master ~]# cp /opt/kubernetes/token.csv /opt/kubernetes/cfg/
[root@k8s-master ~]# chmod +x *.sh
[root@k8s-master ~]#./apiserver.sh 192.168.0.107 https://192.168.0.107:2379, https://192.168.0.108:2379, https://192.168.0.109:2379
Created symlink from /etc/systemd/system/multi-user.target.wants/kube-apiserver.service to /usr/lib/systemd/system/kube-apiserver.service.

6. 部署 Kube-controller-manager

执行以下命令，部署 Kube-controller-manager：

[root@k8s-master ~]# sh controller-manager.sh 127.0.0.1

7. 部署 Kube-scheduler

执行以下命令，部署 Kube-scheduler：

[root@k8s-master ~]# sh scheduler.sh 127.0.0.1

8. 检测组件运行是否正常

执行以下命令，检测组件运行是否正常：

[root@k8s-master kubernetes]# kubectl get cs

NAME	STATUS	MESSAGE	ERROR
scheduler	Healthy	ok	
controller-manager	Healthy	ok	
etcd-0	Healthy	{"health": "true"}	
etcd-2	Healthy	{"health": "true"}	
etcd-1	Healthy	{"health": "true"}	

7.2.6 部署 Kubernetes-node 组件

部署完 Kubernetes-master 组件后，即可开始部署 Kubernetes-node 组件。需要依次执行以下步骤。

1. 准备环境

执行以下命令，准备 Kubernetes-node 组件的部署环境：

//在 k8s-master 主机上执行
[root@k8s-master ~]# cd /root/software/ssl/
[root@k8s-master ssl]# scp *kubeconfig 192.168.0.108:/opt/kubernetes/cfg/
[root@k8s-master ssl]# scp *kubeconfig 192.168.0.109:/opt/kubernetes/cfg/
[root@k8s-master ssl]# cd
[root@k8s-master ~]# scp -r ./node.zip 192.168.0.108:/root/
[root@k8s-master ~]#scp -r ./node.zip 192.168.0.109:/root/
//在 k8s-node1 主机上执行
[root@k8s-node1 ~]# unzip node.zip

```
[root@k8s-node1 ~]# mv kubelet kube-proxy /opt/kubernetes/bin/
[root@k8s-node1 ~]# chmod +x /opt/kubernetes/bin/*
```
//在 k8s-node2 主机上执行
```
[root@k8s-node2 ~]# unzip node.zip
[root@k8s-node2 ~]# mv kubelet kube-proxy /opt/kubernetes/bin/
[root@k8s-node2 ~]# chmod +x /opt/kubernetes/bin/*
```
//在 k8s-master 主机上执行
```
[root@k8s-master ~]# kubectl create clusterrolebinding kubelet-bootstrap \
    --clusterrole=system:node-bootstrapper \
    --user=kubelet-bootstrap master
```

2. 部署 kube-kubelet

执行以下命令，部署 kube-kubelet：

```
[root@k8s-node1 ~]#sh kubelet.sh 192.168.0.108 192.168.0.25
```
//在 k8s-node1、k8s-node2 主机上都要执行

3. 部署 kube-proxy

执行以下命令，部署 kube-proxy：

```
[root@k8s-node1 ~]# sh proxy.sh 192.168.0.108
```
//在 k8s-node1、k8s-node2 主机上都要执行

4. 查看 Node 节点组件是否安装成功

执行以下命令，查看 Node 节点组件是否安装成功：

```
[root@k8s-node1 ~]# ps -ef | grep kube
root      60588    1  1 15:31 ?        00:00:20 /opt/kubernetes/bin/kubelet --logtostderr=true --v=4 --address=192.168.0.108 --hostname-override=192.168.0.108 --kubeconfig=/opt/kubernetes/cfg/ kubelet.kubeconfig --experimental-bootstrap-kubeconfig=/opt/kubernetes/cfg/bootstrap.kubeconfig --cert-dir=/ opt/kubrnetes/ssl --allow-privileged=true --cluster-dns=192.168.0.25 --cluster-domain=cluster.local --fail-swap- on=false --pod-infra-container-image=registry.cn-hangzhou.aliyuncs.com/google-containers/pause-amd64:3.0
root      60776    1  0 15:32 ?        00:00:03 /opt/kubernetes/bin/kube-proxy --logtostderr=true --v=4 --hostname-override=192.168.0.108 --kubeconfig=/opt/kubernetes/cfg/kube-proxy.kubeconfig
```

7.2.7 查看自动签发证书

部署完组件后，Master 节点即可获取到 Node 节点的请求证书，然后允许其加入集群即可。

```
[root@k8s-master ~]# kubectl get csr          //请求查看证书
NAME                                                   AGE   REQUESTOR           CONDITION
node-csr-BZ3POcwU6NyvCZ2TGzqqaD2uYR1zHbMUjmdNWhjwJgE    45s   kubelet-bootstrap   Pending
node-csr-M8rbZpIYMYHtXxbFH9iBtlnQogAvwT7WfyF9V70k3zQ    48s   kubelet-bootstrap   Pending
[root@k8s-master ~]# kubectl certificate approve          //允许节点加入集群
node-csr-M8rbZpIYM YHtXxbFH9iBtlnQogAvwT7WfyF9V70k3zQ
[root@k8s-master ~]# kubectl certificate approve node-csr-BZ3POcwU6NyvCZ2TGzqqaD2u
```

YR1zHbMUjmdNWhjwJgE

[root@k8s-master ~]# kubectl get node　　　//查看节点是否添加成功
NAME　　　　　　STATUS　　ROLES　　AGE　　VERSION
192.168.0.108　　Ready　　　<none>　　41m　　v1.9.0
192.168.0.109　　Ready　　　<none>　　41m　　v1.9.0

至此，K8s 集群部署完成。

本章小结

通过本章的学习，读者了解了 Kubernetes 的工作原理与 Kubernetes 集群的部署方法。读者在熟练掌握 Kubernetes 的工作原理与部署方法后，可与下一章介绍的 Docker Swarm 进行对比，在实际的生产环境中根据需求合理地选择容器编排工具。下一章中将会详细介绍 Docker Swarm 管理等内容。

本章作业

一、选择题

1．下列（　　）不是 Kubernetes 具有的功能。
　　A．资源调度　　　　　　　　　　　B．扩容缩容
　　C．日志收集生成图表　　　　　　　D．监控管理

2．下列有关微服务的描述不正确的是（　　）。
　　A．微服务的开发速度比较快，因此更容易理解和维护
　　B．一个大项目内部的各个微服务要使用统一的开发技术，方便管理和维护
　　C．微服务架构的核心是将一个巨大的单体应用分解为很多小的互相连接的小服务
　　D．每个微服务都可以独立部署，对服务的升级或更改都可以在测试通过后立即部署

3．以下（　　）不属于 Kubernetes 的 master 节点上运行的服务。
　　A．Kube-scheduler　　B．Kube-proxy　　C．Kubelet　　D．Etcd

二、判断题

1．Kubernetes 是一个可移植、可扩展的分布式开源 Docker 容器编排系统。（　　）

2．Kubernetes 具备超强的横向扩容能力，可以在线完成集群扩容，实现承受大量用户并发访问的需求。（　　）

3．每个 node 节点上面的 Kube-proxy 程序会定时向 master 汇报自身情况，如果超过了指定的时间未上报，会被 master 判定为失聪状态并标记为不可用，随后会发出节点转移进程。（　　）

4．Kubernetes 的 master 节点上面必须安装 Docker 环境。（　　）

三、简答题

1．简述 Kubernetes Master 节点上运行的关键进程。
2．简述 Kubernetes Node 节点上运行的关键进程。
3．简述 Kubernetes 中 Pods 提供的两种共享资源。

第 8 章

Docker Swarm 基础

技能目标

- 了解 Docker Swarm 基本特性
- 掌握 Doccker Swarm 基本架构
- 会安装部署 Docker Swarm 集群

价值目标

支持有条件的大型企业打造一体化数字平台，全面整合企业内部信息系统，强化全流程数据贯通，加快全价值链业务协同，形成数据驱动的智能决策能力，提升企业整体运行效率和产业链上下游协同效率。实施中小企业数字化赋能专项行动，支持中小企业从数字化转型需求迫切的环节入手，加快推进线上营销、远程协作、数字化办公、智能生产线等应用，由点及面向全业务全流程数字化转型延伸拓展。无论是哪种企业，在进行信息化平台建设时，都离不开多个主机之间的协同运作，Docker Swarm 能够有效解决跨主机的部署、运行与管理的问题。通过 Docker Swarm 的学习，坚定学生对建设有利于企业国家发展的数字平台充满信心，为建设中国特色社会主义社会充满信心。

除 Google 推出的 Kubernetes 容器编排部署工具之外，还有 Docker 发布的 Swarm 与 Mesos 推出的 Marathon。本章将从基本概念、工作原理与安装部署方面介绍 Docker Swarm。

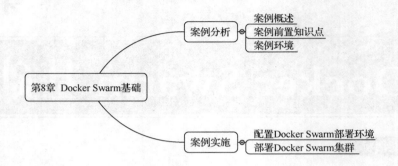

8.1 案例分析

自 Docker 诞生以来，其特有的容器特性以及镜像特性给 DevOps 爱好者带来诸多方便。然而在很长一段时间内，Docker 只能在单机上运行，因其跨主机的部署、运行与管理能力颇受外界诟病。跨主机能力的薄弱，导致 Docker 容器与主机形成高度耦合，降低了 Docker 容器的灵活性，难以实现容器的迁移、分组等功能。

为解决上述问题，Docker 公司在 2014 年 12 月初发布了容器管理工具 Swarm，一起发布的管理工具还有 Machine 和 Compose。

8.1.1 案例概述

在学习 Docker Swarm 的安装部署方法之前，需要先对 Docker Swarm 的基本概念与工作原理有一定的了解。

8.1.2 案例前置知识点

1. Docker Swarm 概述

Docker Swarm 是 Docker 社区提供的基于 Docker 的集群管理调度工具，能够将多台主机构建成一个 Docker 集群。用户通过 API 来管理多个主机上的 Docker，并结合 Overlay 网络实现容器的调度与相互访问。

Docker Swarm 默认对外提供两种 API。

- 标准的 Docker API：包括 Docker Client、Dokku、Compose、DockerUI、Jenkins 等，它们可以通过 Swarm 工具与 Docker 集群进行通信。
- 集群管理 API：用于集群的管理。

2. 基本特性

Docker 集群管理和编排是通过 SwarmKit 构建的，其中的 Swarm 模式是 Docker Engine 内置支持的一种默认实现方式。Docker 1.12 以及更新的版本都支持 Swarm 模式。用户可以基于 Docker Engine 构建 Swarm 集群，然后将应用服务（Application Service）部署到 Swarm 集群中。

Docker Swarm 具有如下基本特性。

- 将集群管理集成到 Docker Engine：使用内置的集群管理功能，可以直接通过 Docker CLI 命令来创建 Swarm 集群，并部署应用服务，而不需要使用其他外部软件来创建和管理 Swarm 集群。

- 去中心化设计：Swarm 集群中包含管理节点（Manager Node）和工作节点（Worker Node），可以直接基于 Docker Engine 来部署任何类型的节点。在 Swarm 集群运行期间，可以对其做出任何改变，以实现对集群的扩容和缩容等，如添加与删除节点。而执行这些操作时不需要暂停或重启当前的 Swarm 集群服务。

- 声明式服务模型：在实现的应用栈中，Docker Engine 使用一种声明的方式来定义各种期望的服务状态。

- 缩放：对于每个服务，可以声明要运行的任务数。向上或向下扩展时，Swarm 集群会通过添加或删除任务来自动调整，以维持所需的状态。

- 协调预期状态与实际状态的一致性：管理节点会不断地监控并协调集群的状态，使得 Swarm 集群的预期状态和实际状态保持一致。例如启动一个应用服务，指定服务副本为 10，则会启动 10 个 Docker 容器去运行。如果某个工作节点上面运行的 2 个 Docker 容器挂掉了，管理节点会在 Swarm 集群中其他可用的工作节点上再创建 2 个服务副本，使实际运行的 Docker 容器数与预期的 10 个保持一致。

- 多主机网络：Swarm 集群支持多主机网络，可以为服务指定覆盖网络。管理节点在初始化或更新应用程序时会自动为覆盖网络上的容器分配地址。

- 服务发现：管理节点会给 Swarm 集群中的每一个服务分配一个唯一的 DNS 名称，对运行中的 Docker 容器进行负载均衡。通过 Swarm 内置的 DNS 服务器可以查询 Swarm 集群中运行的 Docker 容器状态。

- 负载均衡：在 Swarm 集群中，可以指定如何在各个节点之间分发服务容器（Service Container）以实现负载均衡。如果想要使用 Swarm 集群外部的负载均衡器，则需要将服务容器的端口提供给外部。

- 默认安全：Swarm 集群中的每个节点都强制执行 TLS 相互身份验证和加密，以保护自身与所有其他节点之间的通信。用户可以选择使用自签名根证书或自定义根 CA 的证书。

- 滚动更新：对于服务需要更新的场景，可以在多个节点上进行增量部署更新。在 Swarm 管理节点使用 Docker CLI 设置一个 delay（延迟）时间间隔，可以实现多个服务在多个节点上依次部署，灵活地加以控制。如果有一个服务更新失败，则暂停后面的更新操作，重新回滚到更新之前的版本。

3. 关键概念

Docker Swarm 中的关键概念包括以下几个。

（1）节点。每个参与到 Swarm 集群中的 Docker Engine 都称为一个节点。单个物理计算机或云服务器上通常运行一个或多个节点，而生产环境下的集群部署通常包括分布在多个物理计算机和云服务器上的 Docker 节点。集群中的节点主要分为管理节点与工作节点。

若要将应用程序部署到集群中，则需要将服务定义提交给管理节点。管理节点则将称为任务的工作单元分派给工作节点。为了维持 Swarm 集群的目标状态，管理节点还将承担任务编排和集群管理的功能。一旦存在多个管理节点时，会选出其中一个作为领导来进行任务编排。

工作节点用于接收并执行来自管理节点分发的任务。默认情况下，管理节点也是工作节点，也可以把它配置成只充当管理节点的角色。工作节点将所负责任务的当前状态通知给管理节点，以便管理节点可以维护每个工作节点的期望状态。

（2）服务与任务。服务定义了需要在工作节点上执行的任务，它是 Swarm 系统的中心结构，也是用户和 Swarm 交互的主要根源。

创建服务时，可以指定要使用的容器镜像以及在运行容器中执行的命令。

在副本服务模型中，Swarm 管理器将根据所需状态中设置的比例在节点之间分配特定数量的副本任务。

任务是 Swarm 集群中最小的调度单位，每个任务都包含一个容器和需要在容器中执行的指令。管理器根据服务中定义的副本数量将任务分配给工作节点。一旦任务被分配到某个节点，就不能再移动到其他节点，它只能在分配的节点上运行或者失败。

（3）负载均衡。集群管理器使用负载均衡入口来公开对外提供的服务。集群管理器可以自动为 PublishedPort（对外发布的端口）分配服务，也可以为服务配置 PublishedPort。部署服务时可以指定任何未使用的端口为服务端口；如果未指定端口，Swarm 管理器会为服务自动分配 30000~32767 范围内的端口。

外部组件（例如云负载均衡器）可以访问集群中任何节点的 PublishedPort 上的服务，无论该节点当前是否正在运行该服务的任务。集群中的所有节点都将入口连接到正在运行的任务实例上。

Swarm 模式有一个内部 DNS 组件，可以自动为 Swarm 集群中的每个服务分配一个 DNS 条目。集群管理器使用内部负载均衡来根据服务的 DNS 名称在集群内的服务之间分发请求。

4. 工作原理

在 Swarm 集群中通过部署镜像创建一个服务。一些大的应用上下文环境中往往需要各种服务配合工作，这样的服务通常称为微服务。微服务可能是一个 HTTP 服务器、数据库或者分布式环境中运行的任何其他可执行的程序。

在创建服务时，可以指定要使用的容器镜像以及容器中要运行的命令。服务还可以定义如下选项。

- 集群对外服务的端口；
- 集群中用于服务之间相连的 Overlay 网络；
- 滚动更新策略；
- 集群运行的总副本数量。

下面从以下几个方面具体介绍服务、任务与容器的工作方法。

（1）服务、任务与容器。当服务部署到集群时，Swarm 管理节点会将服务定义为所需状态，然后将服务调度为一个或多个副本任务。这些任务在集群节点上彼此独立地运行。

容器是一个独立的进程。在 Swarm 集群中，每个任务都会调用一个容器。容器一旦运行，调度程序会认为该任务处于运行状态。如果容器健康检测失败或者终止，那么任务将终止。

（2）任务与调度。任务是集群内调度的原子单位。当创建或者更新服务来声明所需的服务状态时，协调器通过调度任务来实现所需的状态。

任务是单向的机制，它通过一系列状态单独进行分配、准备、运行等操作。如果任务失败，协调器将删除任务与容器，然后根据服务所需的状态创建一个新的任务来代替它。

（3）待处理的服务。若集群中当前没有可用的节点，也可以成功配置服务，但所配置服务会处于待处理状态（挂起状态）。以下是服务可能处于待处理状态的几个示例。

- 在集群中所有节点被暂停或耗尽时，创建了一个服务，则服务被挂起，直到节点可用。实际上，当节点恢复时，第一个可用的节点将会获得所有的任务，这在生产环境中并不是一件好事。
- 配置服务时可以为服务预留特定数量的内存。如果集群中没有节点能满足所需的内存量，则服务被挂起，直到有可用的节点可以运行其任务。如果指定了非常大的内存值（如 500GB），任务将永久挂起，除非确实有一个能满足该条件的节点。
- 配置服务时可以对服务施加约束，若无法在给定时间内履行约束，则服务被挂起。

（4）副本服务和全局服务。服务部署分为两种类型：副本服务和全局服务。

- 副本服务：指定要运行的相同任务的数量，每个副本内容都是相同的。
- 全局服务：是在每个节点上运行一个任务的服务，不需要预先指定任务数量。每当一个节点添加到集群中，调度器将创建一个任务，并且将任务分配给新加入的节点。全局服务最好部署为监控代理、反病毒扫描程序等想要在集群中每个节点上都运行的容器。

请扫描二维码观看视频讲解。

Docker Swarm 工作原理

8.1.3 案例环境

1. 案例实验环境

本案例的实验环境如表 8-1 所示。

表 8-1 实验环境

主机	操作系统	主机名/IP 地址	主要软件
服务器 1	CentOS 7.3	manager/192.168.0.107	Docker CE
服务器 2	CentOS 7.3	worker01/192.168.0.108	Docker CE
服务器 3	CentOS 7.3	worker02/192.168.0.109	Docker CE

本案例实验环境的网络拓扑如图 8.1 所示。

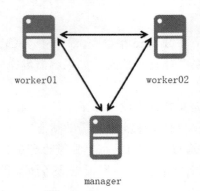

图8.1 实验网络拓扑

2. 案例需求

本案例的需求：部署 Docker Swarm 集群，要求集群中包含一个管理节点（manager）和两个工作节点（worker01、worker02）。

3. 案例实现思路

本案例的实现思路如下。

（1）准备 Docker Swarm 部署环境。

（2）部署 Docker Swarm 集群。

8.2 案例实施

8.2.1 配置 Docker Swarm 部署环境

在部署 Docker Swarm 之前需要先对服务器进行基础的环境配置。

1. 主机配置

（1）设置主机名。在三台主机上分别设置主机名，操作如下：

[root@localhost ～]# hostnamectl　set-hostname manager
//在 192.168.0.107 主机上操作
[root@localhost ～]# bash
[root@manager ～]#
[root@localhost ～]#　hostnamectl　set-hostname worker01

//在 192.168.0.108 主机上操作
[root@localhost ~]# bash
[root@worker01 ~]#
[root@localhost ~]# hostnamectl   set-hostname worker02
//在 192.168.0.109 主机上操作
[root@localhost ~]# bash
[root@worker02 ~]#

(2)修改 hosts 文件。在所有主机的 hosts 文件中添加地址解析记录。下面以 manager 主机为例进行操作。

[root@manager ~]# cat << EOF > /etc/hosts
192.168.0.107 manager
192.168.0.108 worker01
192.168.0.109 worker02
EOF

(3)添加外网 DNS 服务器。在所有主机上添加外网 DNS 服务器,也可以根据本地的网络环境添加相对应的 DNS 服务器。下面以 manager 主机为例进行操作。

[root@manager ~]# echo "nameserver 202.106.0.20">> /etc/resolv.conf

2. 安装 Docker

在所有主机上安装并配置 Docker。下面以 manager 主机为例进行操作。

[root@manager ~]# yum -y install wget telnet lsof   yum-utils device-mapper-persistent-data lvm2
[root@manager ~]# yum-config-manager --add-repo
https://download.docker.com/linux/centos/ docker-ce.repo
//已加载插件:fastestmirror
adding repo from: https://download.docker.com/linux/centos/docker-ce.repo
grabbing file https://download.docker.com/linux/centos/docker-ce.repo to /etc/yum.repos.d/docker-ce.repo
repo saved to /etc/yum.repos.d/docker-ce.repo
[root@manager ~]# yum -y install docker-ce
[root@manager ~]# systemctl enable docker
Created symlink from /etc/systemd/system/multi-user.target.wants/docker.service to /usr/lib/systemd/system/docker.service.
[root@manager ~]# systemctl start docker
[root@manager ~]# cat << EOF > /etc/docker/daemon.json
{
"registry-mirrors":["https://registry.docker-cn.com"]
}
EOF
[root@manager ~]# systemctl restart docker

3. 设置 Firewalld 防火墙与 SeLinux

在所有主机上都要对 Firewalld 防火墙与 SeLinux 进行设置,以保证集群节点之间的 TCP 2377(集群管理端口)、TCP/UDP 7946(容器网络发现端口)和 UDP 4789(Overlay 网络通信端口)能够正常通信。下面以 manager 主机为例进行操作。

[root@manager ~]# systemctl restart firewalld

```
[root@manager ~]# firewall-cmd --zone=public --add-port=2377/tcp --permanent
success
[root@manager ~]# firewall-cmd --zone=public --add-port=7946/tcp --permanent
success
[root@manager ~]# firewall-cmd --zone=public --add-port=7946/udp --permanent
success
[root@manager ~]# firewall-cmd --zone=public --add-port=4789/tcp --permanent
success
[root@manager ~]# firewall-cmd --zone=public --add-port=4789/udp --permanent
success
[root@manager ~]# firewall-cmd --reload
success
[root@manager ~]# systemctl restart docker
[root@manager ~]# setenforce 0
[root@manager ~]# getenforce
Permissive
```

8.2.2 部署 Docker Swarm 集群

安装完 Docker 之后，可以使用 docker swarm 命令创建 Docker Swarm 集群。

1. 创建 Docker Swarm 集群

创建 Docker Swarm 集群的命令格式为：

docker swarm init --advertise-addr <MANAGER-IP>

其中，--advertise-addr 选项用于指定 Swarm 集群中管理节点的 IP 地址，后续工作节点加入集群时，必须能够访问管理节点的 IP 地址。在 manager 主机上，执行如下命令即可创建一个 Swarm 集群：

```
[root@manager ~]# docker swarm init --advertise-addr 192.168.0.107
Swarm initialized: current node (jxuwy3qfos57nmn0qfp2vprjo) is now a manager.

To add a worker to this swarm, run the following command:

    docker swarm join --token SWMTKN-1-2hgmuhj3dlfn7evuguma5tp1ozrjbsvy9ib705q6td2njwzj44-bwqmcypp9tcr7dwkgt8ljpss7 192.168.0.107:2377

To add a manager to this swarm, run 'docker swarm join-token manager' and follow the instructions.
```

上述命令执行结果显示：Swarm 集群已成功创建，并给出其他节点如何加入集群的操作引导信息。

- 工作节点加入集群：执行 docker swarm join --token SWMTKN-1-2hgmuhj3dlfn7evuguma5tp1ozrjbsvy9ib705q6td2njwzj44-bwqmcypp9tcr7dwkgt8ljpss7 192.168.0.107:2377 命令，可以将工作节点添加到 Swarm 集群中。如果未看到提示信息，也可以通过 docker swarm join-token worker 命令获取。

```
[root@manager ~]# docker swarm join-token worker
To add a worker to this swarm, run the following command:
```

docker swarm join --token SWMTKN-1-2hgmuhj3dlfn7evuguma5tp1ozrjbsvy9ib705q6td2njwzj44-bwqmcypp9tcr7dwkgt8ljpss7 192.168.0.107:2377

- 管理节点加入集群：执行 docker swarm join-token manager 命令，可以将管理节点加入到 Swarm 集群中。当配置 Swarm 集群的高可用时，可以使用该命令设置多个管理节点。

[root@manager ~]# docker swarm join-token manager
To add a manager to this swarm, run the following command:

docker swarm join --token SWMTKN-1-2hgmuhj3dlfn7evuguma5tp1ozrjbsvy9ib705q6td2njwzj44-em2e5fnjxye3sinc0csgyidqm 192.168.0.107:2377

2. 添加工作节点到 Swarm 集群

将 worker01、worker02 两个工作节点加入到 Swarm 集群中，具体操作如下所示：

[root@worker01 ~]# docker swarm join --token SWMTKN-1-2hgmuhj3dlfn7evuguma5tp1ozrjbsvy9ib705q6td2njwzj44-bwqmcypp9tcr7dwkgt8ljpss7 192.168.0.107:2377
This node joined a swarm as a worker.

[root@worker02 ~]# docker swarm join --token SWMTKN-1-2hgmuhj3dlfn7evuguma5tp1ozrjbsvy9ib705q6td2njwzj44-bwqmcypp9tcr7dwkgt8ljpss7 192.168.0.107:2377
This node joined a swarm as a worker.

上述命令执行完成后，可以使用 docker info 命令在管理节点上查看 Swarm 集群的信息，具体操作如下所示：

[root@manager ~]# docker info
Containers: 0
 Running: 0
 Paused: 0
 Stopped: 0
Images: 0
Server Version: 18.03.0-ce
Storage Driver: overlay2
 Backing Filesystem: xfs
 Supports d_type: true
 Native Overlay Diff: false
Logging Driver: json-file
Cgroup Driver: cgroupfs
Plugins:
 Volume: local
 Network: bridge host macvlan null overlay
 Log: awslogs fluentd gcplogs gelf journald json-file logentries splunk syslog
Swarm: active
 NodeID: jxuwy3qfos57nmn0qfp2vprjo
 Is Manager: true
 ClusterID: kn67xb8gfjgf3szofnc90z53e

```
 Managers: 1
 Nodes: 3
 Orchestration:
  Task History Retention Limit: 5
 Raft:
  Snapshot Interval: 10000
  Number of Old Snapshots to Retain: 0
  Heartbeat Tick: 1
  Election Tick: 10
 Dispatcher:
  Heartbeat Period: 5 seconds
 CA Configuration:
  Expiry Duration: 3 months
  Force Rotate: 0
 Autolock Managers: false
 Root Rotation In Progress: false
 Node Address: 192.168.0.107
 Manager Addresses:
  192.168.0.107:2377
Runtimes: runc
Default Runtime: runc
Init Binary: docker-init
containerd version: 468a545b9edcd5932818eb9de8e72413e616e86e
runc version: 69663f0bd4b60df09991c08812a60108003fa340
init version: fec3683
Security Options:
 seccomp
  Profile: default
Kernel Version: 3.10.0-514.el7.x86_64
Operating System: CentOS Linux 7 (Core)
OSType: linux
Architecture: x86_64
CPUs: 2
Total Memory: 976.5MiB
Name: manager
ID: YEBO:B7LC:6RIM:ERRP:LGCD:QZEW:Z6Q2:MSO6:FA3H:7LUS:WSKM:SQEL
Docker Root Dir: /var/lib/docker
Debug Mode (client): false
Debug Mode (server): false
Registry: https://index.docker.io/v1/
Labels:
Experimental: false
Insecure Registries:
 127.0.0.0/8
Registry Mirrors:
 https://registry.docker-cn.com/
Live Restore Enabled: false
```

3. 查看 Swarm 集群中节点的详细状态信息

使用 docker node ls 命令可以查看 Swarm 集群中全部节点的详细状态信息。

```
[root@manager ~]# docker node ls
ID                          HOSTNAME    STATUS   AVAILABILITY    MANAGER STATUS    ENGINE VERSION
jxuwy3qfos57nmn0qfp2vprjo * manager     Ready    Active          Leader            18.03.0-ce
fmdci4pbgsttzl3pli4lj2wmp   worker01    Ready    Active                            18.03.0-ce
y8m6fs7y1raizyseehoapr51t   worker02    Ready    Active                            18.03.0-ce
```

上述信息中，AVAILABILITY 表示 Swarm 调度器是否可以向集群中的某个节点指派任务，对应如下三种状态。

- Active：集群中该节点可以被指派任务。
- Pause：集群中该节点不可以被指派新的任务，但是其他已经存在的任务仍保持运行。
- Drain：集群中该节点不可以被指派新的任务，Swarm 调度器停掉已经存在的任务，并将它们调度到可用的节点上。

查看某一个节点的状态信息，只可以在管理节点上执行如下命令实现。

- 查看管理节点的详细信息：docker node inspect manager。

```
[root@manager ~]# docker node inspect manager
[
    {
        "ID": "jxuwy3qfos57nmn0qfp2vprjo",
        "Version": {
            "Index": 9
        },
        "CreatedAt": "2018-10-07T11:39:43.892600951Z",
        "UpdatedAt": "2018-10-07T11:39:44.509379352Z",
        "Spec": {
            "Labels": {},
            "Role": "manager",
            "Availability": "active"
        },
        "Description": {
            "Hostname": "manager",
            "Platform": {
                "Architecture": "x86_64",
                "OS": "linux"
            },
            "Resources": {
                "NanoCPUs": 2000000000,
                "MemoryBytes": 1023963136
            },
```

```
"Engine": {
    "EngineVersion": "18.03.0-ce",
    "Plugins": [
        {
            "Type": "Log",
            "Name": "awslogs"
        },
        {
            "Type": "Log",
            "Name": "fluentd"
        },
        {
            "Type": "Log",
            "Name": "gcplogs"
        },
        {
            "Type": "Log",
            "Name": "gelf"
        },
        {
            "Type": "Log",
            "Name": "journald"
        },
        {
            "Type": "Log",
            "Name": "json-file"
        },
        {
            "Type": "Log",
            "Name": "logentries"
        },
        {
            "Type": "Log",
            "Name": "splunk"
        },
        {
            "Type": "Log",
            "Name": "syslog"
        },
        {
            "Type": "Network",
            "Name": "bridge"
        },
        {
            "Type": "Network",
            "Name": "host"
        },
```

```
                {
                    "Type": "Network",
                    "Name": "macvlan"
                },
                {
                    "Type": "Network",
                    "Name": "null"
                },
                {
                    "Type": "Network",
                    "Name": "overlay"
                },
                {
                    "Type": "Volume",
                    "Name": "local"
                }
            ]
        },
        "TLSInfo": {
            "TrustRoot": "-----BEGIN CERTIFICATE-----\nMIIBajCCARCgAwIBAgIUN/
lDopEwJwDsi1O60VGuEDAsl/MwCgYIKoZIzj0EAwIw\nEzERMA8GA1UEAxMIc3dhcm0tY2EwHhcNM
TgxMDA3MTEzNTAwWhcNMzgxMDAyMTEz\nNTAwWjATMREwDwYDVQQDEwhzd2FybS1jYTBZMBMG
ByqGSM49AgEGCCqGSM49AwEH\nA0IABEaj7ZxmIn++8WFHDfizqL2wV3RspfIf2cMFNg5QOO
KcoAJWk0j0zqyyJu/W\naw7fMNgPWQkRPRp3MNOIikYTSFGjQjBAMA4GA1UdDwEB/wQEAwIBBjA
PBgNVHRMB\nAf8EBTADAQH/MB0GA1UdDgQWBBTWj46JamVSzq5OyQIWc81xO597LjAKBggqhkj
O\nPQQDAgNIADBFAiEApSxquySGZHPYxSfYz+bU+PnzgYBthKmahWmeo83aEQsCIFf9\nqw2JcQ8ab
YRSulKpRlwSWRBniTSnOhEZCsWdFFDm\n-----END CERTIFICATE-----\n",
            "CertIssuerSubject": "MBMxETAPBgNVBAMTCHN3YXJtLWNh",
            "CertIssuerPublicKey":    "MFkwEwYHKoZIzj0CAQYIKoZIzj0DAQcDQgAERqPtn
GYif77xYUcN+LOovbBXdGyl8h/ZwwU2DlA44pygAlaTSPTOrLIm79ZrDt8w2A9ZCRE9Gncw04iKRhNIUQ=="
        }
    },
    "Status": {
        "State": "ready",
        "Addr": "192.168.0.107"
    },
    "ManagerStatus": {
        "Leader": true,
        "Reachability": "reachable",
        "Addr": "192.168.0.107:2377"
    }
}
]
```

- 查看 worker01 节点的详细信息：docker node inspect worker01。
- 查看 worker02 节点的详细信息：docker node inspect worker02。

至此，Docker Swarm 集群部署完成。

本章小结

通过本章的学习，读者了解了 Docker Swarm 集群的工作原理与部署方法，可与 Kubernetes 工具进行对比，能够在实际的生产环境中根据需求合理地选择容器编排工具。下一章中将会详细介绍 Docker Swarm 集群管理等内容。

本章作业

一、选择题

1. 下列关于 Swarm 的说法错误的是（　　）。
   A．Swarm 是基于 Docker 的集群管理调度工具
   B．Swarm 是 Google 提供的开源项目
   C．用户通过 API 来管理多个主机上的容器
   D．Swarm 是结合 Overlay 网络实现容器的调度与相互访问的
2. 下列（　　）不属于 Docker Swarm 的基本特性。
   A．集群管理集成进 Docker Engine
   B．协调预期状态与实际状态的一致性
   C．Swarm 集群中的每个节点都强制执行 TLS 相互身份验证和加密
   D．Swarm 集群管理和编排的特性是通过 Docker 构建的
3. 对 Docker Swarm 的描述错误的是（　　）。
   A．在配置服务时，若集群中没有可用的节点，此时可用成功配置服务，但这个配置的服务会处于待处理状态
   B．如果集群中所有节点被暂停或耗尽，待之后节点恢复后，所有服务都将在原节点启动
   C．如果创建的任务失败，协调器将删除任务与容器，然后根据服务指定的状态创建一个新的任务来代替它
   D．当服务部署到 Swarm 上时，管理节点会将服务调度为一个或多个副本任务，这些任务在集群节点上彼此独立运行

二、判断题

1. Docker Swarm 默认对外提供两种 API 服务：标准 Docker API 和集群管理 API。（　　）
2. Swarm 集群中包含管理节点和工作节点，在运行期间，节点的添加和删除均需要重启当前 Swarm 集群服务。（　　）
3. 如果在集群中所有节点被暂停或耗尽时，创建了一个服务，则该服务被挂起，直到节点可用。（　　）
4. 可以在 worker 节点上面查看 node 的状态。（　　）

三、简答题

1. 简述 Docker Swarm 包括的基本特性。
2. 简述创建 Docker Swarm 集群命令格式。
3. 如何获取管理节点与工作节点添加到 Swarm 集群的命令。

第 9 章

Docker Swarm 集群管理

技能目标

- ➢ 掌握 Docker Swarm 节点管理
- ➢ 掌握 Docker Swarm 服务管理

价值目标

为了加快构建算力、算法、数据、应用资源协同的全国一体化大数据中心体系。在京津冀、长三角、粤港澳大湾区、成渝地区双城经济圈、贵州、内蒙古、甘肃、宁夏等地区布局全国一体化算力网络国家枢纽节点，建设数据中心集群，结合应用、产业等发展需求优化数据中心建设布局。Docker Swarm 群集管理就是为了解决群集中出现的各种运维管理的工作。在学习 Docker Swarm 群集管理过程中，能让学生深入理解群集管理的重要性，为将来地区或国家建设一体化数据中心作出自己的贡献。

在前面的章节中，已经学习了有关 Docker Swarm 原理的相关知识，学会了安装、部署 Docker Swarm 集群。本章将继续学习 Docker Swarm 集群管理。

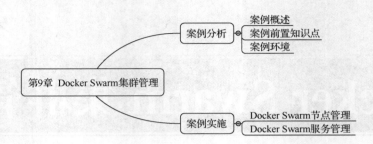

9.1 案例分析

9.1.1 案例概述

在企业中，相对于 Docker Swarm 集群的安装部署，更重要的是对 Docker Swarm 集群的管理。本章将重点介绍 Docker Swarm 的节点管理与服务管理。

在讲解具体的管理操作之前先回顾一下节点、服务、任务等概念。

9.1.2 案例前置知识点

1. Docker Swarm 中的节点

运行 Docker 主机时可以自动初始化一个 Swarm 集群，或者加入一个已存在的 Swarm 集群，如此运行的 Docker 主机将成为 Swarm 集群中的节点。

Swarm 集群中的节点分为管理节点和工作节点。

➢ 管理节点用于 Swarm 集群的管理，负责执行编排和集群管理工作，保持并维护 Swarm 集群处于期望的状态。Swarm 集群中如果有多个管理节点，就会自动协商并选举出一个领导来执行编排任务。

➢ 工作节点是任务执行节点，管理节点将服务下发至工作节点执行。管理节点默认也是工作节点。

管理节点与工作节点通过提权和降权命令相互转换角色，大部分 Docker Swarm 命令只能在管理节点执行，但工作节点退出集群的命令在工作节点上执行。

2. 服务和任务

任务是 Swarm 集群中最小的调度单位，对应一个单一的容器。

服务是一组任务的集合，定义了任务的属性。服务包括两种工作模式。

➢ 副本服务：按照一定规则在各个工作节点上运行指定数目的任务。

➢ 全局服务：每个工作节点上运行一个任务。

服务的工作模式可以在执行 docker service create 命令创建服务时通过-mode 参数指定。

在 Swarm 集群上部署服务，必须在管理节点上进行操作。图 9.1 所示是 service（服务）、task（任务）、container（容器）三者之间的关系。

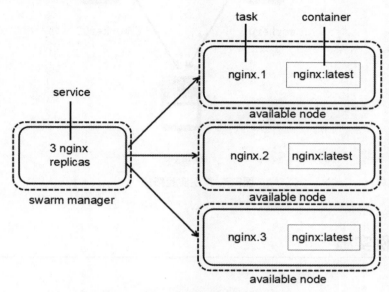

图9.1　服务、任务与容器之间的关系

9.1.3　案例环境

1. 案例实验环境

本案例实验环境如表 9-1 所示。

表 9-1　案例实验环境

主机	操作系统	主机名/IP 地址	主要软件
服务器 1	CentOS 7.3	manager/192.168.0.107	Docker CE
服务器 2	CentOS 7.3	worker01/192.168.0.108	Docker CE
服务器 3	CentOS 7.3	worker02/192.168.0.109	Docker CE

本案例实验拓扑如图 9.2 所示。

2. 案例需求

本案例的需求如下：实现 Docker Swarm 日常管理操作，包括节点管理、服务管理、网络管理、数据卷管理。

3. 案例实现思路

本案例的实现思路如下。

（1）日常管理 Docker Swarm 节点。
（2）创建与管理 Docker Swarm 服务。

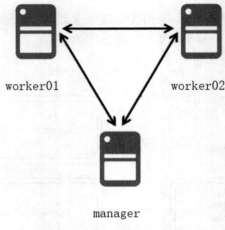

图9.2　案例实验拓扑

9.2 案例实施

9.2.1 Docker Swarm 节点管理

本节按照对节点的不同操作，通过命令的方式进行详细说明。

1. 节点状态变更管理

Swarm 支持设置一组管理节点，通过支持多管理节点实现高可用。这些管理节点之间的状态的一致性是非常重要的。在上一章中提到，节点的 AVAILABILITY 有三种状态：Active、Pause、Drain。要对某个节点进行变更，可以将其 AVAILABILITY 值通过 Docker 命令行界面修改为对应的状态。下面是常见的变更操作。

- 设置管理节点只具有管理功能。
- 对服务进行停机维护，可以修改 AVAILABILITY 为 Drain 状态。
- 暂停一个节点，使该节点不再接收新的任务。
- 恢复一个不可用或者暂停的节点。

例如，将管理节点的 AVAILABILITY 值修改为 Drain，使其只具备管理功能，具体操作如下所示：

```
[root@manager ~]# docker node update --availability drain manager
manager
[root@manager ~]# docker node ls
ID                          HOSTNAME              STATUS
AVAILABILITY          MANAGER STATUS         ENGINE VERSION
```

mjpbqwkky14mk4qszkglezdau * Leader	manager	Ready	Drain
18.03.0-ce			
okmb76l5oz3zaaitkkm3nx6p2 18.03.0-ce	worker01	Ready	Active
j315e595mfpc9yp1ln8bt23l7 18.03.0-ce	worker02	Ready	Active

这样设置之后，管理节点就不能被指派任务，也就是不能部署实际的 Docker 容器来运行服务，而只能担任管理者的角色。

2．添加标签元数据

在生产环境中，每个节点的主机配置情况可能不同，例如有的适合运行 CPU 密集型应用，有的适合运行 IO 密集型应用。Swarm 支持给每个节点添加标签元数据，再根据节点的标签选择性地调度某个服务部署到期望的一组节点上。

添加标签的命令格式如下所示：

docker node update --label-add 值键

示例 1　worker01 主机在名称为 GM-IDC-01 的数据中心上，为 worker01 节点添加标签 GM-IDC-01，具体操作如下所示。

```
[root@manager ~]# docker node update --label-add GM-IDC-01 worker01
worker01
[root@manager ~]# docker node inspect worker01
//查看 worker01 主机的标签是否添加成功
[
    {
        "ID": "okmb76l5oz3zaaitkkm3nx6p2",
        "Version": {
            "Index": 26
        },
        "CreatedAt": "2018-10-08T03:28:10.088465421Z",
        "UpdatedAt": "2018-10-08T03:41:40.044967483Z",
        "Spec": {
            "Labels": {
                "GM-IDC-01": ""
            },
......    //省略部分内容
```

3．节点提权/降权

前面提到，在 Swarm 集群中节点分为管理节点与工作节点两种。在实际的生产环境中可根据实际需求更改节点的角色。常见操作如下。

- 工作节点变为管理节点：提权操作。
- 管理节点变为工作节点：降权操作。

示例 2　将 worker01 和 worker02 都升级为管理节点，具体操作如下所示。

[root@manager ~]# docker node promote worker01 worker02

Node worker01 promoted to a manager in the swarm.
Node worker02 promoted to a manager in the swarm.
[root@manager ~]# docker node ls

ID	HOSTNAME	STATUS	AVAILABILITY	MANAGER STATUS	ENGINE VERSION
mjpbqwkky14mk4qszkglezdau *	manager	Ready	Drain	Leader	18.03.0-ce
okmb76l5oz3zaaitkkm3nx6p2	worker01	Ready	Active	Reachable	18.03.0-ce
j315e595mfpc9yp1ln8bt23l7	worker02	Ready	Active	Reachable	18.03.0-ce

示例 3 对上面已提权的 worker01 和 worker02 执行降权操作,需要执行如下命令。

[root@manager ~]# docker node demote worker01 worker02
Manager worker01 demoted in the swarm.
Manager worker02 demoted in the swarm.
[root@manager ~]# docker node ls

ID	HOSTNAME	STATUS	AVAILABILITY	MANAGER STATUS	ENGINE VERSION
mjpbqwkky14mk4qszkglezdau *	manager	Ready	Drain	Leader	18.03.0-ce
okmb76l5oz3zaaitkkm3nx6p2	worker01	Ready	Active		18.03.0-ce
j315e595mfpc9yp1ln8bt23l7	worker02	Ready	Active		18.03.0-ce

4. 退出 Swarm 集群

如果管理节点想要退出 Swarm 集群,则在管理节点上执行 docker swarm leave 命令,具体操作如下所示:

[root@manager ~]# docker swarm leave

如果集群中还存在其他工作节点,同时希望管理节点退出集群,则需要加上一个强制选项,具体操作如下所示:

[root@manager ~]# docker swarm leave --force
Node left the swarm.

同理,如果工作节点想要退出 Swarm 集群,在工作节点上执行 docker swarm leave 命令,具体操作如下所示:

[root@worker01 ~]# docker swarm leave
Node left the swarm.

即使管理节点已经退出 Swarm 集群,执行上述命令也可以使工作节点退出集群。之后,可以根据需要再加入到其他新建的 Swarm 集群中。需要注意的是,管理节点退出集群后无法重新加入之前退出的集群;而工作节点退出集群后通过 docker swarm join 命令并指定对应的 token 值仍可以重新加入集群。

9.2.2 Docker Swarm 服务管理

在 Swarm 模式下使用 Docker，可以实现部署运行服务、服务扩容/缩容、删除服务、滚动更新等功能。下面依次进行说明。

1．创建服务

使用 docker service create 命令可以创建 Docker 服务。

示例 4 从 Docker 镜像 nginx 创建一个名称为 web 的服务，指定服务副本数为 2。具体操作如下所示：

[root@manager ~]# docker swarm init --advertise-addr 192.168.0.107
//重新创建集群
Swarm initialized: current node (zpcqg47azjhuyslqcgqt6x2tg) is now a manager.

To add a worker to this swarm, run the following command:

    docker swarm join --token SWMTKN-1-239p3vakn4gotlftp0b6zl5umu45yl1hmoc9sfeua1 lqbvvko3-ec7eziwm9ztqw4u7aud5lka2s 192.168.0.107:2377

To add a manager to this swarm, run 'docker swarm join-token manager' and follow the instructions.
[root@worker01 ~]# docker swarm join --token SWMTKN-1-239p3vakn4 gotlftp0b6z l5umu45yl1 hmoc9sfeua1lqbvvko3-ec7eziwm9ztqw4u7aud5lka2s 192.168.0.107:2377 //worker01 加入新集群
This node joined a swarm as a worker.
[root@worker02 ~]# docker swarm leave   //worker01 退出旧集群
Node left the swarm.
[root@worker02 ~]# docker swarm join --token SWMTKN-1-239p3vakn4gotlftp0b6zl5umu45 yl1hmoc9sfeua1lqbvvko3-ec7eziwm9ztqw4u7aud5lka2s 192.168.0.107:2377   //worker02 加入新集群
This node joined a swarm as a worker.
[root@manager ~]# docker node ls

ID	HOSTNAME	STATUS	AVAILABILITY	MANAGER STATUS	ENGINE VERSION
zpcqg47azjhuyslqcgqt6x2tg *	manager	Ready	Active	Leader	18.03.0-ce
nabu78bafeydrvyzr3z29l1j5	worker01	Ready	Active		18.03.0-ce
n5uz83yuwhs6321shtxw3rs87	worker02	Ready	Active		18.03.0-ce

[root@manager ~]# docker service create --replicas 2 --name web nginx
vmc2a1qgn26dkbb9wmp38m4ur
overall progress: 2 out of 2 tasks
1/2: running   [==>]
2/2: running   [==>]
verify: Service converged
[root@manager ~]# docker service logs -f web

```
web.1.k25qwbkbb0c5@worker01    | 64 bytes from 123.125.115.110: seq=212 ttl=53 time=1.277 ms
web.2.6r381vq3jeyv@worker02    | 64 bytes from 123.125.115.110: seq=212 ttl=53 time=1.295 ms
……        //省略部分内容
```

执行如下命令可查看当前已经部署启动的全部应用服务：

```
[root@manager ~]# docker service ls
ID                NAME         MODE          REPLICAS      IMAGE          PORTS
vmc2a1qgn26d      web          replicated    2/2           nginx:latest
```

执行如下命令可以查询指定服务的详细信息：

```
[root@manager ~]# docker service ps web
ID              NAME     IMAGE           NODE       DESIRED STATE   CURRENT STATE              ERROR    PORTS
qtwad96ockmc    web.1    nginx:latest    worker01   Running         Running about a minute ago
82skerym8rw0    web.2    nginx:latest    worker02   Running         Running about a minute ago
```

上述运行结果显示，在worker01和worker02节点上部署了Web应用服务，以及它们对应的当前状态信息。此时，可以通过执行docker ps命令，在工作节点上查看当前启动的Docker容器。

```
[root@worker01 ~]# docker ps
CONTAINER ID    IMAGE           COMMAND                  CREATED            STATUS               PORTS     NAMES
325aaba9eb6c    nginx:latest    "nginx -g 'daemon of…"   About a minute ago Up About a minute    80/tcp    web.1.qtwad96ockmctaoq6hyryg9ft

[root@worker02 ~]# docker ps
CONTAINER ID    IMAGE           COMMAND                  CREATED            STATUS               PORTS     NAMES
40cc8a6075b0    nginx:latest    "nginx -g 'daemon of…"   About a minute ago Up About a minute    80/tcp    web.2.82skerym8rw0utq83qxda1n20
```

2．显示服务详细信息

服务详细信息有两种显示方式：以JSON格式显示、易于阅读显示。

（1）以JSON格式显示。通过下面的命令，以JSON格式显示Web服务的详细信息：

```
[root@manager ~]# docker service inspect web
[
    {
        "ID": "vmc2a1qgn26dkbb9wmp38m4ur",
        "Version": {
            "Index": 300
        },
        "CreatedAt": "2018-10-08T07:15:28.42483543Z",
        "UpdatedAt": "2018-10-08T07:15:28.42483543Z",
```

```
"Spec": {
    "Name": "web",
    "Labels": {},
    "TaskTemplate": {
        "ContainerSpec": {
            "Image":    "nginx:latest@sha256:9ad0746d8f2ea6df3a17ba89eca40b48c47066
                        dfab55a75e08e2b70fc80d929e",
            "Init": false,
            "StopGracePeriod": 10000000000,
            "DNSConfig": {},
            "Isolation": "default"
        },
        "Resources": {
            "Limits": {},
            "Reservations": {}
        },
        "RestartPolicy": {
            "Condition": "any",
            "Delay": 5000000000,
            "MaxAttempts": 0
        },
        "Placement": {
            "Platforms": [
                {
                    "Architecture": "amd64",
                    "OS": "linux"
                },
                {
                    "OS": "linux"
                },
                {
                    "Architecture": "arm64",
                    "OS": "linux"
                },
                {
                    "Architecture": "386",
                    "OS": "linux"
                },
                {
                    "Architecture": "ppc64le",
                    "OS": "linux"
                },
                {
```

```
                                "Architecture": "s390x",
                                "OS": "linux"
                            }
                        ]
                    },
                    "ForceUpdate": 0,
                    "Runtime": "container"
                },
                "Mode": {
                    "Replicated": {
                        "Replicas": 2
                    }
                },
                "UpdateConfig": {
                    "Parallelism": 1,
                    "FailureAction": "pause",
                    "Monitor": 5000000000,
                    "MaxFailureRatio": 0,
                    "Order": "stop-first"
                },
                "RollbackConfig": {
                    "Parallelism": 1,
                    "FailureAction": "pause",
                    "Monitor": 5000000000,
                    "MaxFailureRatio": 0,
                    "Order": "stop-first"
                },
                "EndpointSpec": {
                    "Mode": "vip"
                }
            },
            "Endpoint": {
                "Spec": {}
            }
        }
]
```

（2）易于阅读方式显示。执行如下命令，以易于阅读方式显示 Web 服务的详细信息：
[root@manager ～]# docker service inspect --pretty web

ID: vmc2a1qgn26dkbb9wmp38m4ur
Name: web
Service Mode: Replicated
 Replicas: 2

Placement:
UpdateConfig:
　Parallelism:　　1
　On failure:　　pause
　Monitoring Period: 5s
　Max failure ratio: 0
　Update order:　　　stop-first
RollbackConfig:
　Parallelism:　　1
　On failure:　　pause
　Monitoring Period: 5s
　Max failure ratio: 0
　Rollback order:　　stop-first
ContainerSpec:
　Image:
　　　nginx:latest@sha256:9ad0746d8f2ea6df3a17ba89eca40b48c47066dfab55a75e08e2b70fc80d929e
　Init:　　false
Resources:
Endpoint Mode: vip

3. 服务的扩容/缩容

当使用服务并涉及高可用时，可能会用到服务的扩容和缩容等操作。服务扩容/缩容的命令格式如下所示，通过任务总数来确定服务是扩容还是缩容。

docker service scale　服务 ID=服务 Task 总数

示例 5　将前面已经部署了 2 个副本的 Web 服务扩容到 3 个副本，具体操作如下所示。

```
[root@manager ~]# docker service scale web=3
web scaled to 3
overall progress: 3 out of 3 tasks
1/3: running
2/3: running
3/3: running
verify: Service converged
```

通过 docker service ps web 命令可以查看服务的扩容结果，具体操作如下所示：

```
[root@manager ~]# docker service ps web
ID              NAME            IMAGE           NODE            DESIRED STATE
CURRENT STATE                   ERROR           PORTS
qtwad96ockmc    web.1           nginx:latest    worker01        Running
Running 32 minutes ago
82skerym8rw0    web.2           nginx:latest    worker02        Running
Running 32 minutes ago
92r5xlvshijs    web.3           nginx:latest    worker01        Running
Running about a minute ago
```

由上述命令执行结果可知，worker01 节点上有 2 个 Web 应用服务的副本。进行服务缩容操作时只需要设置副本数小于当前应用服务拥有的副本数即可，大于指定缩容副本数的副本会被删除。具体操作如下所示：

```
[root@manager ~]# docker service scale web=1
web scaled to 1
overall progress: 1 out of 1 tasks
1/1: running
verify: Service converged
[root@manager ~]# docker service ps web
ID              NAME          IMAGE           NODE        DESIRED STATE   CURRENT STATE           ERROR       PORTS
qtwad96ockmc    web.1         nginx:latest    worker01    Running         Running 36 minutes ago
```

4．删除服务

删除服务的命令格式如下所示：

```
docker service rm  服务名称
```

示例 6　删除集群中所有的 Web 应用服务。

```
[root@manager ~]# docker service rm web
web
[root@manager ~]# docker service ps web
no such service: web
```

5．滚动更新

在创建服务时可以通过--update-delay 选项设置容器的更新间隔时间，每次成功部署一个服务，延迟 10 秒钟，然后再更新下一个服务。如果某个服务更新失败，Swarm 调度器就会暂停本次服务的部署更新。具体操作如下所示：

```
[root@manager ~]# docker service create \
>    --replicas 3 \
>    --name redis \
> --update-delay 10s \
> redis:3.0.6
mbx3nrugzop19s3jyppsw1vzx
overall progress: 3 out of 3 tasks
1/3: running   [==================================================>]
2/3: running   [==================================================>]
3/3: running   [==================================================>]
verify: Service converged
[root@manager ~]# docker service ps redis
ID              NAME          IMAGE           NODE        DESIRED STATE   CURRENT STATE           ERROR       PORTS
nwmrtdbsgrob    redis.1       redis:3.0.6     worker02    Running         Running 11 minutes ago
```

fts2v4whglvy	redis.2	redis:3.0.6	worker02	Running
Running 11 minutes ago				
uoeqcvw5yxmx	redis.3	redis:3.0.6	worker01	Running
Running 10 minutes ago				

还可以更新已经部署服务所在容器使用的镜像版本。

示例 7 将 redis 服务对应的镜像版本由 3.0.6 更新为 3.0.7，服务更新之前的 3.0.6 镜像版本的容器不会删除，只会停止。具体操作如下所示：

```
[root@manager ~]# docker service update --image redis:3.0.7 redis
redis
overall progress: 3 out of 3 tasks
1/3: running   [==================================================>]
2/3: running   [==================================================>]
3/3: running   [==================================================>] verify: Service converged
[root@manager ~]# docker service ps redis
```

ID	NAME	IMAGE	NODE	DESIRED STATE
			CURRENT STATE	ERROR PORTS
toqs97rf17ml	redis.1	redis:3.0.7	worker01	Running
Running about a minute ago				
nwmrtdbsgrob	_ redis.1	redis:3.0.6	worker02	Shutdown
Shutdown 2 minutes ago				
z8twkln8s80f	redis.2	redis:3.0.7	worker02	Running
Running about a minute ago				
fts2v4whglvy	_ redis.2	redis:3.0.6	worker02	Shutdown
Shutdown about a minute ago				
vkrg1rqs7ibz	redis.3	redis:3.0.7	worker01	Running
Running about a minute ago				
uoeqcvw5yxmx	_ redis.3	redis:3.0.6	worker01	Shutdown
Shutdown about a minute ago				

6. 添加自定义 Overlay 网络

在 Swarm 集群中使用 Overlay 网络可以连接到一个或多个服务。添加 Overlay 网络，需要在管理节点上先创建一个 Overlay 网络，具体操作如下所示：

```
[root@manager ~]# docker network create --driver overlay my-network
4w20wne63xf42hx3m6c60yr6o
```

创建名为 my-network 的 Overlay 网络之后，再创建服务时，通过--network 选项指定使用的网络为已存在的 Overlay 网络即可，具体操作如下所示：

```
[root@manager ~]# docker service create \
> --replicas 3 \
> --network my-network \
> --name myweb \
> nginx
gll1wi723xiio2tk4dda2ooup
```

```
overall progress: 3 out of 3 tasks
1/3: running
2/3: running
3/3: running
verify: Service converged
```
如果 Swarm 集群中其他节点上的 Docker 容器也使用 my-network 网络，那么处于该 Overlay 网络中的所有容器之间都可以进行通信。

7. 数据卷的创建与应用

使用 docker volume create 命令可以创建数据卷，具体操作如下所示：

```
[root@manager ~]# docker volume create product-kgc        //创建数据卷
product-kgc
[root@manager ~]# docker volume ls         //查看创建的数据卷
DRIVER              VOLUME NAME
local               product-kgc
```

可以查看上述创建的数据卷的详细信息，具体操作如下所示：

```
[root@manager ~ ]# docker service create --mount type=volume,src=product-kgc,dst=/usr/share/nginx/html --replicas 1 --name kgc-web-01 nginx
jqpehypkcc13r6xwwjhmzuvi8
overall progress: 1 out of 1 tasks
1/1: running
verify: Service converged
[root@manager ~]# docker service ps kgc-web-01
ID                  NAME                IMAGE               NODE                DESIRED STATE
CURRENT STATE              ERROR               PORTS
efdzcxyp8t0t        kgc-web-01.1        nginx:latest        worker01            Running
Running 41 seconds ago
[root@manager ~]# docker volume inspect product-kgc        //查看数据卷的详细信息
[
    {
        "CreatedAt": "2018-10-08T16:42:18+08:00",
        "Driver": "local",
        "Labels": {},
        "Mountpoint": "/var/lib/docker/volumes/product-kgc/_data",
        "Name": "product-kgc",
        "Options": {},
        "Scope": "local"
    }
]
```

查看数据是否同步的命令如下：

```
[root@worker01 ~]# cd /var/lib/docker/volumes/product-kgc/_data/
[root@worker01 _data]# mkdir test01 test02
[root@worker01 _data]# docker ps
```

```
CONTAINER ID        IMAGE              COMMAND                  CREATED
STATUS              PORTS              NAMES
c20c7d3b5ab1        nginx:latest       "nginx -g 'daemon of…"   About a minute ago   Up About
a minute    80/tcp                     kgc-web-01.1.efdzcxyp8t0trpxkgyt37part
bb120b71d6b3        nginx:latest       "nginx -g 'daemon of…"   About a minute ago   Up About
  a minute    80/tcp                   myweb.3.7s9vjhnz42iu4laq4egi91o3e
[root@worker01 _data]# docker exec -it c20c7d3b5ab1 bash
root@c20c7d3b5ab1:/# ls /usr/share/nginx/html/
50x.html    index.html    test01    test02
```

从上面的运行结果可以看出，在本地数据卷目录下创建了几个文件，进入到容器后，找到对应的目录，数据依然存在。

数据卷的挂载类型除使用 volume 之外，还经常使用 bind 类型。具体操作如下所示：

```
[root@manager ～]# mkdir -p /var/vhost/www/aa
[root@worker01 ～]# mkdir -p /var/vhost/www/aa
[root@worker02 ～]# mkdir -p /var/vhost/www/aa
```

创建两个 kgc-web-02 服务。

```
[root@manager ～]# docker service   create --replicas 2   --mount type=bind,src=/var/vhost/www/aa,dst=/usr/share/nginx/html/ --name kgc-web-02 nginx
```

下面的命令用于验证数据是否同步。

```
[root@worker01 _data]# touch /var/vhost/www/aa/1
[root@worker01 _data]# docker ps -a
CONTAINER ID        IMAGE              COMMAND                  CREATED          STATUS
                    PORTS              NAMES
d5a28f08fbf9        nginx:latest       "nginx -g 'daemon of…"   7 minutes ago    Up 7 minutes
80/tcp                                 kgc-web-02.2.0s1gkm4izwf79j25r5e0aa0na
c20c7d3b5ab1        nginx:latest       "nginx -g 'daemon of…"   About an hour ago   Up About an hour
80/tcp                                 kgc-web-01.1.efdzcxyp8t0trpxkgyt37part
[root@worker01 _data]# docker exec -it d5a28f08fbf9 bash
root@d5a28f08fbf9:/# ls /usr/share/nginx/html/
1
```

本章小结

通过本章的学习，读者了解了 Docker Swarm 中常见的节点与服务的管理方法，主要包括节点的状态变更、添加标签元数据、节点提权/降权、退出集群、创建与查看服务、服务扩容/缩容、服务滚动更新与删除、自定义 Overlay 网络，以及数据卷的创建与应用。下一章中将会详细介绍 Docker 构建和 Web 应用部署等内容。

本章作业

一、选择题

1．Swarm 集群中的节点包括（　　）。

A．主节点　　　　B．工作节点　　　　C．分支节点　　　　D．管理节点
2．下列关于 Docker Swarm 服务说法正确的是（　　）。
   A．Swarm 服务没有定义任务的属性
   B．Swarm 服务是一组任务的集合
   C．Swarm 服务包含两种工作模式：副本服务和全局服务
   D．在 Swarm 上部署服务，可以在工作节点上进行操作
3．下面（　　）不属于对节点的操作。
   A．节点状态变更　　　　　　　　　B．给节点添加标签元数据
   C．节点提权/降权　　　　　　　　D．创建服务

二、判断题

1．工作节点是任务执行节点，管理节点将服务下发至工作节点执行，管理节点单独存在，不作为工作节点。（　　）
2．服务是 Swarm 集群中最小的调度单元，对应一个单一容器。（　　）
3．我们可以对 Swarm 的服务进行停机、暂停和恢复操作。（　　）
4．Swarm 的管理节点被设置为 Drain 状态后，不能在其上部署 Docker 容器来运行服务。（　　）

三、简答题

1．分别写出 Docker Swarm 中两种不同显示方式的查看服务详细信息的命令。
2．写出 Swarm 节点提权/降权命令。
3．简述 Swarm 服务 Web 扩容和缩容需要执行的命令。

第 10 章

Docker 构建和 Web 应用部署

技能目标

- 了解 Docker Swarm 集群的应用
- 会安装部署 Jenkins
- 会使用 Jenkins 发布 Web 集群

价值目标

为了全面深化重点产业数字化转型。立足不同产业特点和差异化需求,推动传统产业全方位、全链条数字化转型,提高全要素生产率。纵深推进工业数字化转型,加快推动研发设计、生产制造、经营管理、市场服务等全生命周期数字化转型。在转型过程中,单靠人工维护无法满足技术、业务、管理等问题,利用 Docker 容器的轻量级特性再结合持续集成,可以有效解决上述问题。通过学习 Docker 容器的轻量级应用,让学生将来能够支持重点产业的数字化转型工作。

前面已经介绍了 Docker Swarm 集群的基础概念及安装部署,并且通过添加私有仓库、push 或 pull 镜像等操作,完成了集群部署任务。但是生产环境中往往需要多个系统配合才能完成整套系统架构的维护。本章将引入 Jenkins 持续集成工具来完成线上代码的发布;讲解 Jenkins 的相关知识,并基于 SVN 和 SSH 技术实现自动构建、部署等功能。

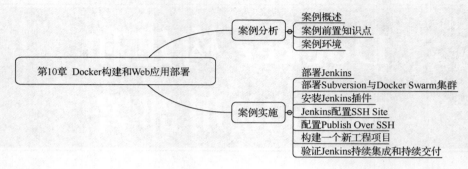

10.1 案例分析

10.1.1 案例概述

面对越来越复杂的业务与越来越多样化的用户需求,不断扩展的 IT 应用不论是规模还是数量都和以前不在同一个数量级。单靠人工运维已经无法满足技术、业务、管理等方面的要求。Docker 容器的轻量级特性再结合持续集成,可以有效地解决上述问题。

10.1.2 案例前置知识点

持续集成是一种软件开发实践。团队开发成员经常集成他们的工作,每个成员每天至少集成一次,意味着每天可能会发生多次集成,每次的集成都通过自动化的构建(包括编译、发布、自动化测试)来验证,从而尽早发现集成错误。简单来说,就是持续且定时地在多个团队成员的工作中进行集成,并且给予反馈。

持续集成需要开发人员将代码多次集成到主干,并进行自动化编译、测试等操作。这种频繁集成以及集成后及时开始的编译和测试,可以有效地避免提交代码时没有进行必要的检查而导致的错误以及一些超出预期效果的更改,从而保证代码的质量。

正是由于持续集成具有这种及时性,即使一次提交后项目集成失败,仍然可以快速地查找出问题所在,缩小了查找范围,减少了调试时间。如果按照这种方式实践,主干代码时刻都是正确的,可以更频繁地进行版本交付。

Jenkins 的特点如下所示。

- 易于安装,通过 war、rpm 等形式进行安装。
- 易于配置,所有配置都是通过 Web 页面实现的。

Jenkins 具有如下功能。

- 集成 RSS/E-mail，通过 RSS 发布构建结果，或当构建完成时通过 E-mail 通知。
- 生成 JUnit/TestNG 测试报告。
- 分布式构建支持多台计算机一起构建/测试。
- 能够跟踪哪次构建生成哪些 jar 文件，哪次构建使用哪个版本的 jar 文件等。
- 支持扩展插件，可以开发适合自己团队使用的工具。
- 一切配置都可以在 Web 页面完成。有些配置如 MAVEN_HOME 和 E-mail，只需要配置一次，所有的项目都能使用。也可以通过修改 XML 进行配置。
- 支持 Maven 的模块（Module）并做了优化。因此 Jenkins 能自动识别 Module，每个 Module 可以配置成一个 job。
- 测试报告聚合，所有模块的测试报告都被聚合在一起，结果一目了然。若使用其他 CI（持续集成）时，这几乎是一件不可能完成的任务。

10.1.3 案例环境

1. 本案例环境

本案例使用 5 台服务器。其中，3 台服务器用于部署 Docker Swarm 集群，1 台服务器用于部署代码版本控制系统，1 台服务器用于部署 Jenkins 持续集成工具。具体服务器的配置信息如表 10-1 所示。

表 10-1 服务器的配置信息

主机	操作系统	主机名/IP 地址	主要软件
服务器 1	CentOS 7.3	manager/192.168.0.107	Docker CE
服务器 2	CentOS 7.3	worker01/192.168.0.108	Docker CE
服务器 3	CentOS 7.3	worker02/192.168.0.109	Docker CE
服务器 4	CentOS 7.3	svn/192.168.0.110	SVN
服务器 5	CentOS 7.3	jenkins/192.168.0.111	Jenkins

实验网络拓扑如图 10.1 所示。

2. 案例需求

本案例的需求如下：Jenkins 持续集成结合 Docker Swarm 集群实现 Web 应用部署的发布。

3. 案例实现思路

本案例的实现思路如下。

（1）部署 Jenkins 持续集成工具。

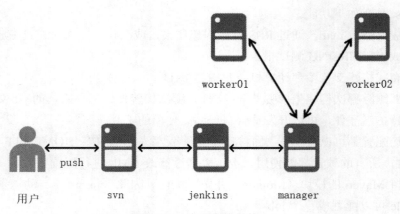

图10.1 实验网络拓扑

（2）安装部署 Subversion 与 Docker Swarm 集群。
（3）安装 Jenkins 插件。
（4）配置 Publish over SSH 插件。
（5）创建一个新的工程项目。
（6）验证 Jenkins 持续集成与持续交付。

10.2 案例实施

使用 SVN（版本控制器）作为 Web 应用的发布工具。按照下述步骤完成 Web 应用的发布。

（1）部署 Jenkins。
（2）部署 SVN 和 Docker Swarm 集群。
（3）安装 Jenkins 插件。
（4）添加凭据。
（5）配置插件。
（6）构建新工程项目。
（7）验证 Jenkins 持续集成与持续交付。

10.2.1 部署 Jenkins

在 IP 地址为 192.168.0.111 的主机上部署 Jenkins 服务，具体操作如下所示：

[root@localhost ~]# hostnamectl set-hostname jenkins
[root@localhost ~]# bash
[root@jenkins ~]# systemctl stop firewalld
[root@jenkins ~]# systemctl disable firewalld
Removed symlink /etc/systemd/system/dbus-org.fedoraproject.FirewallD1.service.
Removed symlink /etc/systemd/system/basic.target.wants/firewalld.service.

[root@jenkins ~]# wget -O /etc/yum.repos.d/jenkins.repo https://pkg.jenkins.io/redhat-stable/jenkins.repo
--2018-10-08 19:54:17-- https://pkg.jenkins.io/redhat-stable/jenkins.repo
正在解析主机 pkg.jenkins.io (pkg.jenkins.io)... 52.202.51.185
正在连接 pkg.jenkins.io (pkg.jenkins.io)|52.202.51.185|:443... 已连接。
已发出 HTTP 请求，正在等待回应... 200 OK
长度：85
正在保存至: "/etc/yum.repos.d/jenkins.repo"

100%[==>] 85   --.-K/s 用时 0s

2018-10-08 19:54:19 (8.85 MB/s) - 已保存 "/etc/yum.repos.d/jenkins.repo" [85/85])
[root@jenkins ~]# rpm --import https://pkg.jenkins.io/redhat-stable/jenkins.io.key
[root@jenkins ~]# yum install -y java jenkins
[root@jenkins ~]# systemctl start jenkins
[root@jenkins ~]# systemctl enable jenkins
jenkins.service is not a native service, redirecting to /sbin/chkconfig.
Executing /sbin/chkconfig jenkins on

打开浏览器并在地址栏中输入：http://192.168.0.111:8080，打开如图 10.2 所示的页面。

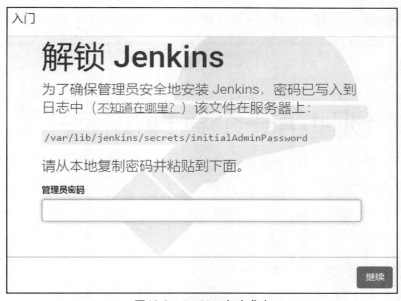

图10.2　Jenkins启动成功

初次部署 Jenkins 会生成一个初始登录密码。根据页面提示，执行以下命令查看并复制密码到"管理员密码"输入框中：

[root@jenkins ~]# cat /var/lib/jenkins/secrets/initialAdminPassword
974d358b01614c9682768e8283687fdb

单击图 10.2 中的 "继续" 按钮，进入自定义 Jenkins 界面，选择 "安装推荐的插件"，如图 10.3 所示。

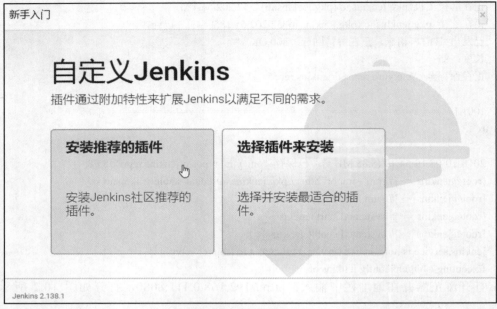

图10.3　安装推荐的插件

安装完插件后，会提示创建第一个管理员用户，如图 10.4 所示。

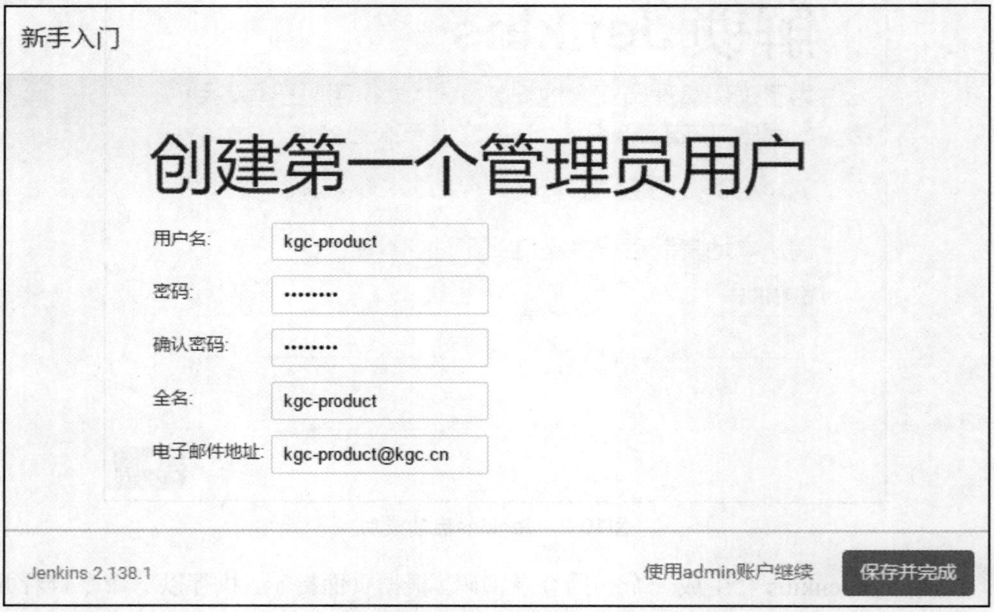

图10.4　创建管理员用户

创建完成后，单击 "保存并完成" 按钮，进入 Jenkins 首页，如图 10.5 所示。

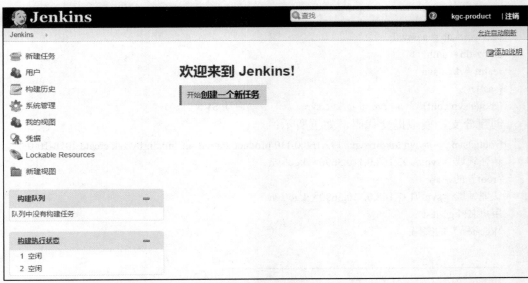

图10.5　Jenkins首页

10.2.2　部署 Subversion 与 Docker Swarm 集群

Apache Subversion 是一个开放源代码的版本控制系统，通常被缩写为 SVN。SVN 于 2000 年由 CollabNet Inc.开发，现已发展成为 Apache 软件基金会的一个项目。

不同于 RCS 与 CVS，SVN 采用了分支管理系统，其设计目标是取代 CVS。互联网上提供的免费版本控制服务大多基于 Subversion 开发。

执行以下命令，安装部署 Subversion：

[root@localhost ~]# hostnamectl　set-hostname svn
[root@localhost ~]# bash
[root@svn ~]# systemctl stop firewalld
[root@svn ~]# systemctl disable firewalld
Removed symlink /etc/systemd/system/dbus-org.fedoraproject.FirewallD1.service.
Removed symlink /etc/systemd/system/basic.target.wants/firewalld.service.
[root@svn ~]# yum install -y subversion
[root@svn ~]# mkdir -p /kgc/svn
[root@svn ~]# svnadmin create /kgc/svn
[root@svn ~]# vi /kgc/svn/conf/passwd
kgc-test=benet.com
[root@svn ~]# vi /kgc/svn/conf/authz
[/]
kgc-test=rw

编辑 svnserve.conf 配置文件并启动 SVN，具体操作如下所示：

[root@svn~]# cd /kgc/svn/conf/
[root@svn conf]# vi svnserve.conf
[general]
anon-access = read

```
auth-access = write
password-db = passwd
authz-db = authz
realm = /kgc/svn
[sasl]
[root@svn conf]# svnserve -d -r /kgc/svn          //启动 SVN
```

创建分支，模拟提交代码，如下所示：

```
[root@svn ~]# svn mkdir svn://192.168.0.110/product-station -m "mkdir by zsk create 2018-10-08"
认证领域: <svn://192.168.0.110:3690> /kgc/svn
"root" 的密码:
认证领域: <svn://192.168.0.110:3690> /kgc/svn
用户名: kgc-test
"kgc-test" 的密码:

-----------------------------------------------------------------------
注意！你的密码，对于认证域:

   <svn://192.168.0.110:3690> /kgc/svn

只能明文保存在磁盘上！如果可能的话，请考虑配置你的系统，让 Subversion
可以保存加密后的密码。请参阅文档以获取详细信息。
你可以通过在"/root/.subversion/servers"中设置选项"store-plaintext-passwords"为"yes"或"no"，
来避免再次出现此警告。
-----------------------------------------------------------------------
保存未加密的密码(yes/no)?yes

提交后的版本为 1。
[root@svn ~]# svn list svn://192.168.0.110
product-station/
[root@svn ~]# svn checkout svn://192.168.0.110/product-station
取出版本 1。
[root@svn ~]# cd product-station/
[root@svn product-station]# echo "kgc-web-version" >> index.html
[root@svn product-station]# svn   add index.html
A         index.html
[root@svn product-station]# svn commit -m 'commit'
正在增加        index.html
传输文件数据.
提交后的版本为 2。
```

部署完 SVN 后，需要在 manager、worker01、worker02 主机上部署 Docker Swarm 集群，Docker Swarm 集群的部署方法参考前面的章节，此处省略具体的操作步骤。

10.2.3 安装 Jenkins 插件

Jenkins 插件管理器允许安装新的插件和更新 Jenkins 服务器上的插件。Jenkins 将连接到资料库，检索可用的与已更新的插件。如果 Jenkins 服务器无法直接连接到外部资源，可以从 Jenkins 官网上手动下载。

在 Jenkins 首页中依次单击"系统管理"→"插件管理"→"可选插件"选项卡，进入如图 10.6 所示的"可选插件"安装页面。在"过滤"搜索框中输入要安装的 SSH、Publish Over SSH、SSH Agent 插件，并勾选需要插件左侧的复选框，完成后单击"直接安装"按钮。

图10.6　可选插件的安装

完成 SSH、Publish Over SSH 插件的安装后，在"系统管理"→"系统设置"页面将显示出 SSH Site 配置选项。

10.2.4　Jenkins 配置 SSH Site

在配置 SSH Site 选项之前，必须先添加凭据（Credentials）。在配置 SVN 时，需要使用者提供相应的账号与密码进行登录。如果把访问的 URL 地址理解为锁，那么账号与密码就是对应这把锁的钥匙。"凭据"中记录的是各种各样的钥匙。钥匙对应的锁有多种可能，如 SVN、Git 等。"凭据"负责对钥匙进行统一管理。

在 Jenkins 的主页中单击"凭据"按钮，进入"凭据"页面，如图 10.7 所示。

图10.7 "凭据"页面

在"凭据"页面中，单击 Jenkins 超链接，将跳转至"系统"页面，如图 10.8 所示。

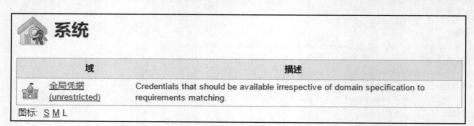

图10.8 "系统"页面

单击左侧导航条的"添加域"并进行如图 10.9 所示的设置。在"域名"输入框中填写"kgc-test"，完成后单击 OK 按钮。

图10.9 添加kgc-test域

域名创建完成后，选择"添加凭据"并进行如图 10.10 所示的设置，单击 OK 按钮进行保存。

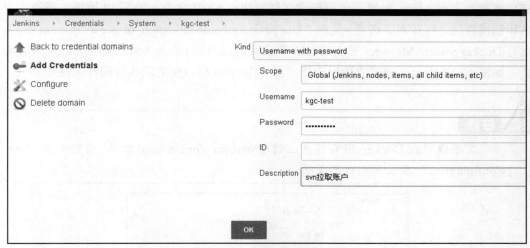

图10.10　设置访问账户

图 10.10 中的配置项介绍如下。

- Kind：钥匙的种类，保持默认的 Username with password 选项。
- Scope：作用域，保持默认值 Global(Jenkins,nodes,items,all child items,etc)。
- Username：填写对应的 SVN 管理员账号。
- Password：账号所对应的密码。
- ID：不需要填写，系统会自行补全。
- Description：账号的描述信息。

新增的 SVN 拉取账户，如图 10.11 所示。

图10.11　新增的SVN拉取账户

10.2.5　配置 Publish Over SSH

在所有的 Docker Swarm 节点中创建目录/usr/share/nginx/html，具体操作如下所示：

[root@manager ~]# mkdir -p /usr/share/nginx/html
[root@worker01 ~]# mkdir -p /usr/share/nginx/html
[root@worker02 ~]# mkdir -p /usr/share/nginx/html

在 Jenkins 首页中，依次单击"系统管理"→"系统设置"→"SSH Server"→"新增"按钮，添加 SSH 远程主机作为后续 Docker 主机。Publish Over SSH 插件主要是通过 SSH 连接到其他 Linux 机器，远程传输文件及执行 Shell 命令，填写 IP 地址，登录用户名和创建路径。打开高级选项，勾选"Use password authentication, or use a different key"，填写 Docker Swarm Manager 节点的 root 登录密码，完成后单击 Test Configuration 进行测试，如图 10.12 所示。测试成功后选择"保存"。108 和 109 主机执行同样的操作。

注意

需要提前在 Docker 所有节点上创建 /usr/share/nginx/html 目录，否则单击"Test Configuration"后显示测试不成功。

图 10.12　配置 SSH Server

10.2.6　构建一个新工程项目

在 Jenkins 主页面中，单击"新建任务"，在随后出现的页面中输入任务名"kgc-test"，并选择"构建一个自由风格的软件项目"，完成后单击"确定"按钮，如图 10.13 所示。

在构建新任务时需要配置 SVN 拉取代码的地址，目的是将 SVN 上面的代码拉取到 Jenkins 工作目录中（本案例中 SVN 拉取的工作目录是 workspace/kgc-test）。在前面创建 kgc-test 的任务中，单击"源码管理"，选择 Subversion 单选按钮，并进行其他设置，如图 10.14 所示。

图10.13　新建任务

图10.14　源码管理配置

在 kgc-test 工程中，选择"构建后操作中"→"Send build artifacts over SSH"，进行如图 10.15 所示的配置，完成后单击页面最下方的"保存"按钮。108 和 109 主机执行同样的操作。

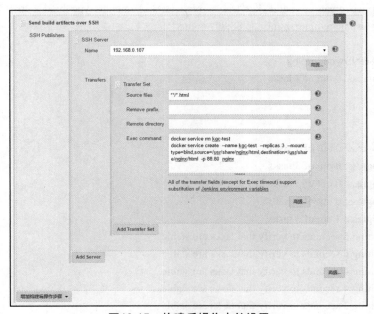

图10.15　构建后操作中的设置

Exec command 文本框中的命令参数如下，具体命令参数的含义可参考前面的章节。

  docker service rm kgc-test

 docker service create --name kgc-test --replicas 3 --mount type=bind,source=/usr/share/nginx/html,destination=/usr/share/nginx/html -p 88:80 nginx

kgc-test 工程项目配置完成后，在 Jenkins 首页中，单击 kgc-test 工程项目中的"立即构建"按钮，可以构建此工程项目，如图 10.16 所示。

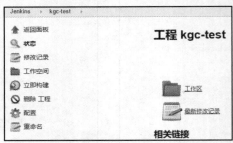

图10.16 构建项目

构建工程之后，单击"构建历史"下面的"#1"，选择控制台输出，即可看到正在构建中的控制台输出日志信息，具体内容如下所示：

  Updating svn://192.168.0.110/product-station at revision '2018-10-10T16:47:58.950 +0800' --quiet

  Using sole credentials kgc-test/****** (svn 拉取账户) in realm '<svn://192.168.0.110:3690> /kgc/svn'

  At revision 2

  No changes for svn://192.168.0.110/product-station since the previous build

  SSH: Connecting from host [Jenkins]

  SSH: Connecting with configuration [192.168.0.107] ...

  SSH: EXEC: STDOUT/STDERR from command [docker service rm kgc-test

 docker service create --name kgc-test --replicas 3 --mount type=bind,source=/usr/share/nginx/html,destination=/usr/share/nginx/html -p 88:80 nginx] ...

  kgc-test

  i7uk34pfy8c99frwud7iiq9hg

  overall progress: 0 out of 3 tasks

  1/3:

  2/3:

  3/3:

  overall progress: 0 out of 3 tasks

  overall progress: 0 out of 3 tasks

  overall progress: 0 out of 3 tasks

  overall progress: 0 out of 3 tasks

  overall progress: 3 out of 3 tasks

  verify: Waiting 5 seconds to verify that tasks are stable...

  verify: Waiting 5 seconds to verify that tasks are stable...

  verify: Waiting 4 seconds to verify that tasks are stable...

  verify: Waiting 4 seconds to verify that tasks are stable...

  verify: Waiting 3 seconds to verify that tasks are stable...

  verify: Waiting 3 seconds to verify that tasks are stable...

verify: Waiting 2 seconds to verify that tasks are stable...
verify: Waiting 2 seconds to verify that tasks are stable...
verify: Waiting 1 seconds to verify that tasks are stable...
verify: Waiting 1 seconds to verify that tasks are stable...
verify: Service converged
SSH: EXEC: completed after 7,604 ms
SSH: Disconnecting configuration [192.168.0.107] ...
SSH: Transferred 1 file(s)
Finished: SUCCESS

至此，完成了 Jenkins 和 Docker Swarm 的持续集成。

10.2.7 验证 Jenkins 持续集成和持续交付

检查 Docker Swarm 集群中的其他工作节点是否成功部署应用，具体操作如下所示：

```
[root@manager html]# docker service ps kgc-test
ID                  NAME           IMAGE           NODE        DESIRED STATE       CURRENT STATE           ERROR       PORTS
yzveac7u62oc        kgc-test.1     nginx:latest    worker01    Running             Running 20 minutes ago
jr8z0rrfes7m        kgc-test.2     nginx:latest    worker02    Running             Running 14 minutes ago
c2ys86xry5ps        kgc-test.3     nginx:latest    manager     Running             Running 16 minutes ago
```

在浏览器地址栏中输入：192.168.0.107:88，访问容器内部署的应用，如图 10.17 所示。

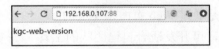

图10.17　访问容器应用

在 Swarm 管理节点执行 docker service logs -f kgc-test 命令，查看访问容器日志，具体操作如下所示：

```
[root@manager html]# docker service logs -f kgc-test
kgc-test.3.c2ys86xry5ps@manager    | 10.255.0.2 - - [10/Oct/2018:04:20:45 +0000] "GET / HTTP/1.1" 200 16 "-" "Mozilla/5.0 (Windows NT 10.0; WOW64) AppleWebKit/537.36 (KHTML, like Gecko) Chrome/58.0.3029.110 Safari/537.36" "-"
kgc-test.3.c2ys86xry5ps@manager    | 2018/10/10 04:20:45 [error] 6#6: *1 open() "/usr/share/nginx/html/favicon.ico" failed (2: No such file or directory), client: 10.255.0.2, server: localhost, request: "GET /favicon.ico HTTP/1.1", host: "192.168.0.107:88", referrer: "http://192.168.0.107:88/"
kgc-test.3.c2ys86xry5ps@manager    | 10.255.0.2 - - [10/Oct/2018:04:20:45 +0000] "GET /favicon.ico HTTP/1.1" 404 555 "http://192.168.0.107:88/" "Mozilla/5.0 (Windows NT 10.0; WOW64) AppleWebKit/537.36 (KHTML, like Gecko) Chrome/58.0.3029.110 Safari/537.36" "-"
kgc-test.3.c2ys86xry5ps@manager    | 2018/10/0 04:24:47 [error] 6#6: *3 open() "/usr/share/nginx/html/favicon.ico" failed (2: No such file or directory), client: 10.255.0.3, server: localhost, request: "GET /favicon.ico HTTP/1.1", host: "192.168.9.211:88", referrer: "http://192.168.0.108:88/"
kgc-test.3.c2ys86xry5ps@manager    | 10.255.0.3 - - [10/Oct/2018:04:24:47 +0000] "GET
```

/favicon.ico HTTP/1.1" 404 555 "http://192.168.0.108:88/" "Mozilla/5.0 (Windows NT 10.0; WOW64) AppleWebKit/537.36 (KHTML, like Gecko) Chrome/58.0.3029.110 Safari/537.36" "-"

至此，通过 Jenkins 执行脚本拉取的应用已成功发布。

本章小结

通过本章的学习，读者了解了 Jenkins 与 SVN 的安装部署方法，并结合 Jenkins 与 SVN 实现了基于 Docker 的持续集成。读者需要熟练操作本章实验，了解其中的原理，从而能够举一反三地学习其他持续集成部署方案。下一章中将会详细介绍 Docker 图形化管理工具 Portainer 等内容。

本章作业

一、选择题

1. 关于持续集成表述错误的是（　　）。
   A．集成后及时测试，可以有效避免提交代码时没有进行必要检查而导致的错误
   B．需要开发人员将代码集成到主干，进行自动化编译、测试等操作
   C．持续集成的目的，就是让产品快速迭代的同时还能保持高质量
   D．持续集成是一种软件开发实践，团队成员只需在每天工作结束后进行一次集成即可

2. 下列（　　）不属于 Jenkins 具有的功能。
   A．可以通过 war、rpm 等形式进行安装
   B．生成 JUnit/TestNG 测试报告
   C．所有的配置都是通过 Web 页面来实现的
   D．支持插件扩展，可开发适合自己团队的工具

3. SVN 提交文件或版本时的正确顺序是（　　）。
   A．安装→更新→检出→增加→提交
   B．安装→检出→更新→增加/修改→提交
   C．检出→增加/修改→更新→提交
   D．安装→增加/修改→更新→提交

二、判断题

1. Jenkins 的分布式构建支持多台计算机一起构建/测试。（　　）
2. SVN 是配置管理的一种应用工具，其可实现版本控制功能。（　　）
3. Jenkins 通过"系统管理→系统设置"来添加插件。（　　）
4. Windows 下 Tortoise SVN 成功提交了文件后，会显示绿色对钩。（　　）

三、简答题

1. 简述 Jenkins 具备的功能。
2. 简述创建 svn 版本库的流程。
3. 简述 Jenkins 配置 Publish Over SSH 的流程。

第 11 章

Docker 生产环境容器化

技能目标

- 会修改 Docker 数据存储目录
- 会使用 Docker 图形化管理工具 Portainer

价值目标

在实际的生产环境中,开发人员、测试人员、运维管理人员都会聚集在一起开发某个项目,为了让非运维人员能轻松的管理好 Docker,就需要学习在生产环境中如何高效的设置 Docker,在学习过程中,能加强学生在实际工作中问题的分析和解决能力,培养学生敢于探索和不怕困难的精神。

前面介绍了 Docker 与 Docker 集群的相关知识，本章将介绍生产环境中 Docker 存储目录修改的重要性与常用 Docker 图形化管理工具的部署及使用。

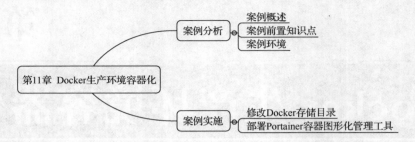

11.1 案例分析

用户刚开始使用 Docker 时，通常并不会关心 Docker 用于存储镜像和容器的默认目录。但是，当 Docker 用于生产环境时，会逐渐占用大量的空间，从而导致后续创建 Docker 容器失败。这时可以通过修改 Docker 存储目录来解决此类问题。

同时，在生产环境中，为了使不习惯命令行的测试人员与开发人员能够更好地使用 Docker，大部分公司会部署一个图形化管理平台来对 Docker 进行管理，例如 Portainer 工具。

11.1.1 案例概述

Docker 图形化管理工具的功能十分全面，基本能满足中、小型企业对容器管理的全部需求，包括状态显示面板、应用模板快速部署、容器镜像网络数据卷基本操作、事件日志显示、容器控制台操作、Swarm 集群与服务集中管理、登录用户管理控制等功能。

11.1.2 案例前置知识点

Portainer 是一个轻量级的 Docker 图形化管理工具，可以轻松管理不同的 Docker 环境（Docker 主机或 Swarm 集群）。Portainer 的使用与部署非常简单，它包含一个可以在任何 Docker 引擎上运行的容器，还可以作为 Linux 容器或 Windows 本机容器部署。

Portainer 可以管理 Docker 容器、镜像、卷、网络等，并与独立的 Docker 引擎和 Docker Swarm 模式相兼容。

11.1.3 案例环境

1．本案例实验环境

本案例实验环境如表 11-1 所示。

表 11-1　本案例环境

主机	操作系统	主机名/IP 地址	主要软件
服务器 1	CentOS 7.3	manager/192.168.0.104	Docker CE Portainer
服务器 2	CentOS 7.3	worker01/192.168.0.105	Docker CE Portainer
服务器 3	CentOS 7.3	worker02/192.168.0.106	Docker CE Portainer

本案例的实验拓扑如图 11.1 所示。

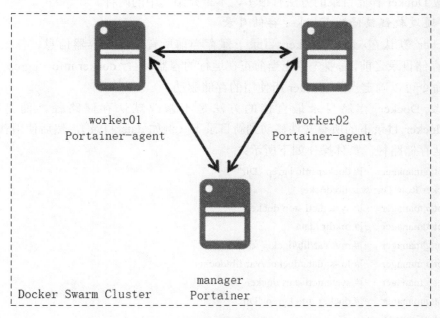

图11.1　实验拓扑

2．案例需求

本案例的需求如下。

（1）修改 Docker 存储目录。

（2）通过 Portainer 图形化工具完成 Docker Swarm 集群的日常管理。

3．案例实现思路

本案例的实现思路如下。

（1）准备系统环境。

（2）修改 Docker 存储目录。

（3）部署 Portainer 图形化工具并管理 Docker Swarm 集群。

11.2 案例实施

11.2.1 修改 Docker 存储目录

在修改 Docker 的默认存储位置之前，必须先关注以下重要信息。
- Docker 当前使用的默认存储位置。
- Docker 当前使用的存储驱动程序。
- 镜像和容器要存放的新存储空间。

修改 Docker 存储目录的方法有很多，本章介绍其中的两种。

1. 通过软链接修改 Docker 存储目录

Docker 默认在/var/lib/docker 目录下保存当前所有镜像与容器信息。修改当前的 Docker 存储目录之前，需要先停止当前正在运行的容器。运行 docker info | grep "Storage Driver"命令可以确定当前 Docker 所使用的存储驱动。

修改 Docker 存储目录最直接的方法是不修改默认存储路径，而是将当前 /var/lib/docker 目录下的所有文件移动到新目录下（例如/data 目录），然后使用软链接关联到默认存储路径。具体操作如下所示：

```
[root@manager ~]# docker info | grep "Dir"
Docker Root Dir: /var/lib/docker
[root@manager ~]# systemctl stop docker
[root@manager ~]# mkdir /data
[root@manager ~]# mv /var/lib/docker /data/
[root@manager ~]# ln -s /data/docker /var/lib/docker
[root@manager ~]# systemctl start docker
[root@manager ~]# docker info | grep "Dir"
Docker Root Dir: /data/docker
[root@manager ~]# ls -l   /var/lib/docker
lrwxrwxrwx. 1 root root 12 10 月  11 10:23 /var/lib/docker -> /data/docker
```

启动 Docker 后发现存储目录依旧是/var/lib/docker，但该文件夹只是一个软链接，实际存放 Docker 数据的目录已经变为/data/docker。

2. 通过启动参数修改 Docker 存储目录

修改 docker.service 文件，定义 Docker 服务启动时通过--graph 与--storage-driver 配置项重新指定存储目录与存储启动。

```
[root@manager ~]# docker info   | grep "Storage Driver"
Storage Driver: overlay2
[root@manager ~]# systemctl stop docker
[root@manager ~]# cd /etc/systemd/system/multi-user.target.wants
[root@manager multi-user.target.wants]# vi docker.service
```

```
ExecStart=/usr/bin/dockerd --graph=/data/docker --storage-driver=overlay2
[root@manager multi-user.target.wants]#    systemctl daemon-reload
[root@manager multi-user.target.wants]#    systemctl start docker
[root@manager ~]# docker info | grep "Dir"
Docker Root Dir: /data/docker
```

11.2.2 部署 Portainer 容器图形化管理工具

在 Swarm 集群内可以部署 Portainer 代理。Portainer 代理允许其他节点的特定资源具有集群感知能力，同时保持 Docker API 请求格式，表示只需执行一个 Docker API 请求即可从集群内的每个节点检索到所有资源。在管理 Swarm 集群时，Portainer 能带来更好的 Docker 用户体验。

在进行以下操作之前需要先部署 Docker Swarm 集群，具体部署方法本章不作详细说明，请读者在实验之前自行部署。

1. 在 Swarm 集群中创建两个新的网络

创建两个新的网络，用于区分不同的服务类型，目的是方便后续管理和维护。

- portainer_agent_network 网络用于管理 Docker - Portainer 图形化工具。
- my-network 网络用于创建 Docker Swarm 服务。

创建网络的具体操作如下所示：

```
[root@manager ~]# docker network create --driver overlay portainer_agent_network
xsvnyu6469i0e7pole9ax1q90
[root@manager ~]# docker network create --driver overlay my-network
oexrfn5j0xkbjpp4319b0ykl5
```

2. 将代理部署为集群中的全局服务

部署代理时，需要在 Swarm 集群中公开 Agent 端口，并确保将模式设置为主机，默认端口为 9001。具体操作如下所示：

```
[root@manager ~]# docker service create \
> --name portainer_agent \
> --network portainer_agent_network \
> --publish mode=host,target=9001,published=9001 \
> -e AGENT_CLUSTER_ADDR=tasks.portainer_agent \
> --mode global \
> --mount type=bind,src=/var/run/docker.sock,dst=/var/run/docker.sock \
> portainer/agent
z0r1qb12c3mfmnn5z2p4u046j
overall progress: 3 out of 3 tasks
kpwxa3al0mrg: running
orkptk4g776d: running
hcxos2t7z6oj: running
verify: Service converged
[root@manager ~]# docker service ps portainer_agent
```

ID	NAME	IMAGE	NODE	DESIRED STATE	CURRENT STATE	ERROR	PORTS
v5u5asp06srq	portainer_agent.orkptk4g776diaw6lgrqlpxhs	portainer/agent:latest	worker01	Running	Running 44 seconds ago		*:9001->9001/tcp
ti00jg0b1smi	portainer_agent.kpwxa3al0mrgv664ct6kmdps2	portainer/agent:latest	manager	Running	Running 39 seconds ago		*:9001->9001/tcp
m6n4wh47jqlj	portainer_agent.hcxos2t7z6oj03duaqh1uapsf	portainer/agent:latest	worker02	Running	Running 30 seconds ago		*:9001->9001/tcp

3. Portainer 实例部署

在 Swarm 集群中创建单个 Portainer 可视化工具容器，默认端口为 9000。

```
[root@manager ~]#docker service create \
> --name portainer \
> --network portainer_agent_network \
> --publish 9000:9000 \
> --replicas=1 \
> --constraint 'node.role == manager' \
> portainer/portainer -H "tcp://tasks.portainer_agent:9001" --tlsskipverify
ys6j6yrxhgjh2bz5r4qmz25f3
overall progress: 1 out of 1 tasks
1/1: running
verify: Service converged
[root@manager ~]# docker service ps portainer
```

ID	NAME	IMAGE	NODE	DESIRED STATE	CURRENT STATE	ERROR	PORTS
nntonv3fkg2h	portainer.1	portainer/portainer:latest	manager	Running	Running 27 seconds ago		

至此，Portainer 工具部署完成。

4. 创建管理员用户

在浏览器中输入 http://192.168.0.104:9000 访问 Portainer。首次访问 Portainer 时需要创建管理员用户"admin"并为用户设置 8 位以上的密码，设置完成后单击页面中的 Create user 按钮，创建用户并进入 Portainer 首页，如图 11.2 所示。

5. 添加 Endpoints

依次选择左侧导航栏中的 Endpoints→Add endpoint→Agent，进入配置 Portainer agent 详细信息的界面，对 Name、Endpoint URL、Public IP、Group 等配置项进行如图 11.3 所示的设置，单击页面下方的 Add endpoint 按钮，添加被管理节点。

图 11.3 所示是 worker01 主机添加为 Portainer 的被管理节点，同理添加 worker02 主机，如图 11.4 所示。

6. 配置 Endpoints Dashboard

在 Docker Swarm 集群中部署 nginx 服务并创建三个副本用于测试。具体操作如下所示：

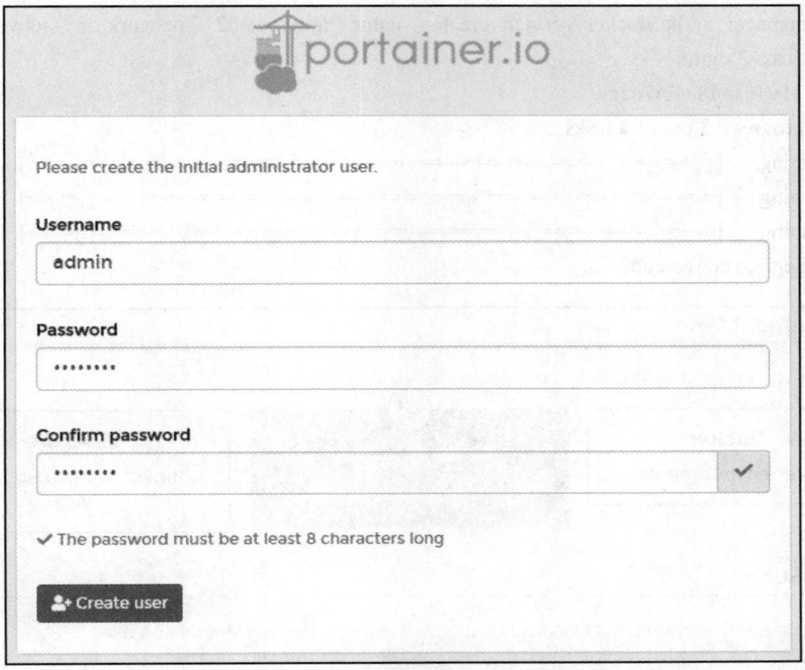

图11.2　创建管理员用户

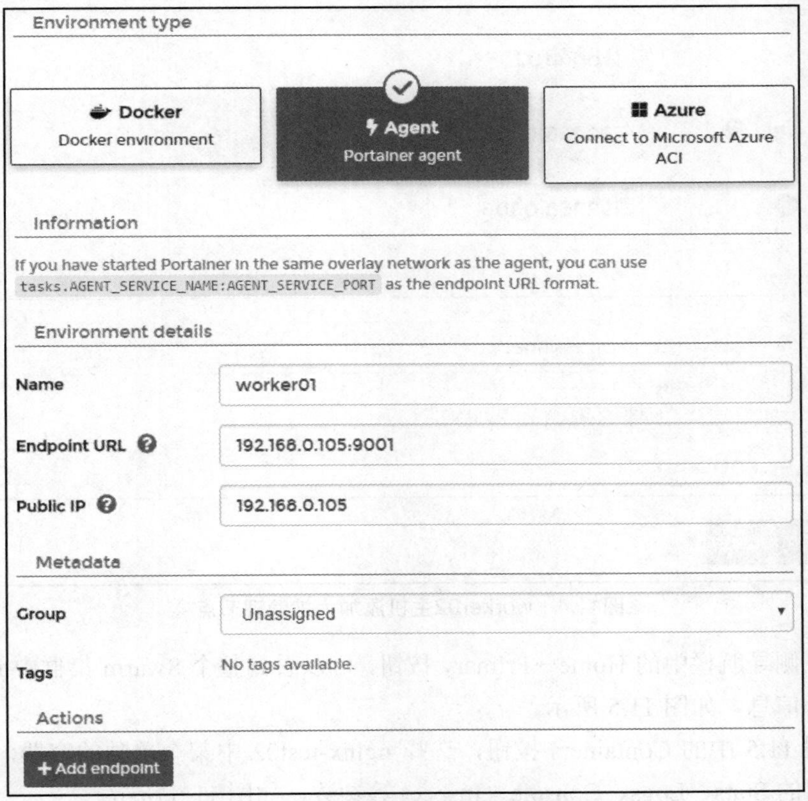

图11.3　worker01主机添加为被管理节点

```
[root@manager ~]# docker service create --name nginx-test02 --network my-network --publish 8888:80 --replicas=3 nginx
i4gkyni31v46sml8n4bi7dagw
overall progress: 3 out of 3 tasks
1/3: running   [==================================================>]
2/3: running   [==================================================>]
3/3: running   [==================================================>]
verify: Service converged
```

图11.4　worker02主机添加为被管理节点

选择左侧导航栏中的 Home→Primary 按钮，可以看到整个 Swarm 集群中的容器、镜像、服务等信息，如图 11.5 所示。

单击图 11.5 中的 Containers 按钮，选择 nginx-test02 中某个单独的容器，可以看到该容器使用的 Stats、Logs、Console、Inspect 等参数，如图 11.6 所示。

第 11 章　Docker 生产环境容器化

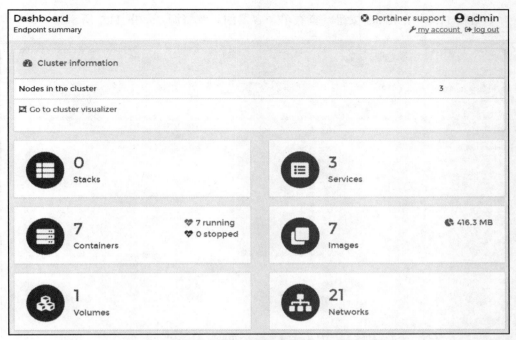

图11.5　Swarm集群中的容器、镜像、服务等信息

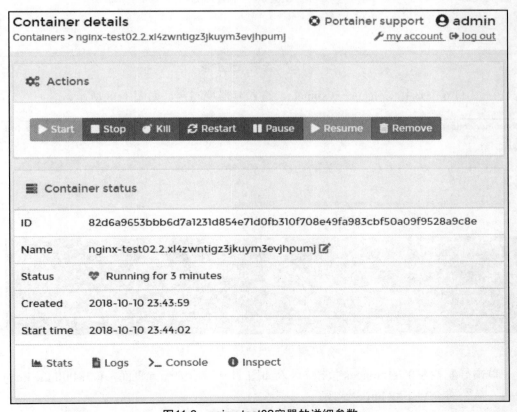

图11.6　nginx-test02容器的详细参数

单击图 11.6 中的 Stats 按钮，查看单个容器的系统资源，如图 11.7 所示。

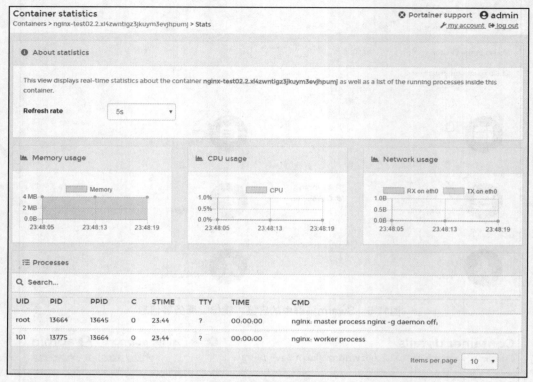

图11.7　容器系统资源

在图 11.6 中选择 Console→Connect，进入容器控制台，如图 11.8 所示。

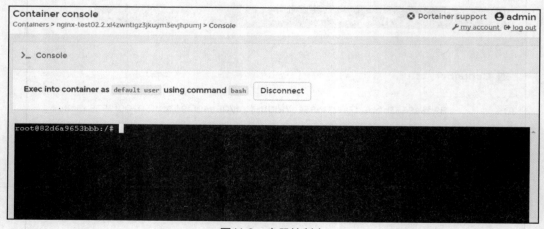

图11.8　容器控制台

单击导航栏左侧的 Images 按钮，进入如图 11.9 所示的配置页面，单击 Pull the image 按钮，从公有仓库下载 httpd 镜像。

第 11 章 Docker 生产环境容器化

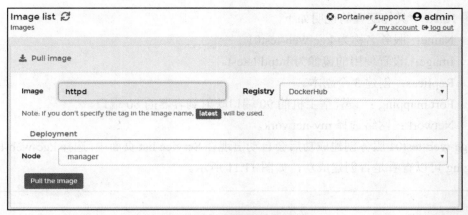

图11.9 下载httpd镜像

依次选择导航栏左侧的 Services→＋Add service 按钮，配置如图 11.10 所示的服务。单击 Create the service 按钮进行服务的创建。

图11.10 创建kgc-web-test01服务

图 11.10 中具体配置的说明如下。

- Name：服务名称为 kgc-web-test01。
- Image：设置使用的镜像为 httpd:latest。
- Replicas：创建 3 个副本。
- Port mapping ：设置宿主机的 90 端口映射到容器的 80 端口。
- Network：网络选择 my-network。

kgc-web-test01 服务创建成功后会自动出现在 Service list 页面中。选择 kgc-web-test01→logging 可以查看是否创建成功，如图 11.11 所示。

Id	Status	Slot	Node	Last Update	Actions
kgc-web-test01.1.d0u8ws96sykxy981e22grm3n3	running	1	worker02	2018-10-11 00:12:18	View logs >_ Console
kgc-web-test01.2.ln4cjrddmkv2xiytbjlftns8o	running	2	worker01	2018-10-11 00:11:44	View logs >_ Console
kgc-web-test01.3.ifirowv0uzccdy5xz73dfkdfa	running	3	manager	2018-10-11 00:10:26	View logs >_ Console

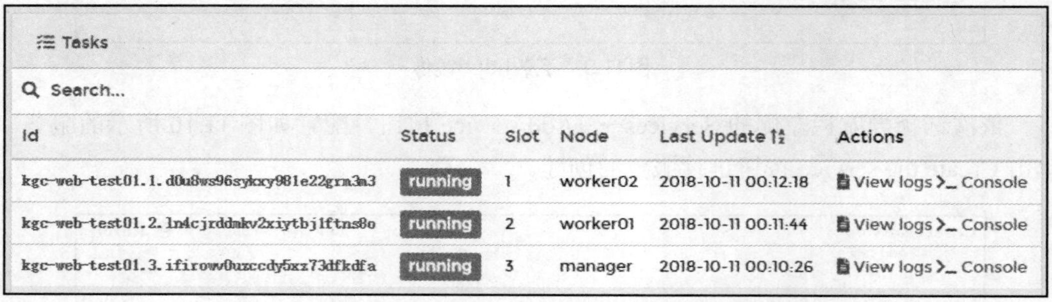

图11.11　通过日志查看服务创建结果

在浏览器中输入 http://192.168.0.104:90，访问创建的 httpd 服务，如图 11.12 所示。

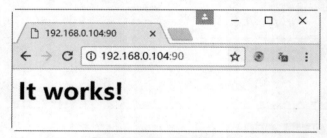

图11.12　访问已创建的服务

从图 11.12 的访问结果可以看出，通过 Portainer 成功创建了 httpd 服务。

7. 创建并添加私有仓库

在 manager 主机上创建一个私有仓库的容器。

```
[root@manager ~]# docker run -d -v /home/root/registry:/var/lib/registry -p 5000:5000--restart=always --privileged=true --name registry registry:latest
Unable to find image 'registry:latest' locally
latest: Pulling from library/registry
d6a5679aa3cf: Pull complete
ad0eac849f8f: Pull complete
2261ba058a15: Pull complete
f296fda86f10: Pull complete
bcd4a541795b: Pull complete
Digest: sha256:5a156ff125e5a12ac7fdec2b90b7e2ae5120fa249cf62248337b6d04abc574c8
```

Status: Downloaded newer image for registry:latest
bed8eaa792f5df9874fb4301143b10ed062110e9fd191b223ad067d7bc2f3c31

编辑 daemon.json 文件，修改成私有仓库的地址。在三台主机上都需要进行设置。

[root@manager ~]# vim /etc/docker/daemon.json
{"insecure-registries":["192.168.0.104:5000"]}
[root@manager ~]# systemctl restart docker

[root@worker01~]# vim /etc/docker/daemon.json
{"insecure-registries":["192.168.0.104:5000"]}
[root@worker01 ~]# systemctl restart docker

[root@worker02 ~]# vim /etc/docker/daemon.json
{"insecure-registries":["192.168.0.104:5000"]}
[root@worker02 ~]# systemctl restart docker

删除 portainer 和 portainer_agent 服务。

[root@manager ~]# docker service rm portainer
portainer
[root@manager ~]# docker service rm portainer_agent
portainer_agent

重启 Docker 服务后会导致之前部署的 Portainer 和 Portainer_agent 服务不正常。需要重新执行之前的第 2 步到第 5 步，即将代理部署为集群中的全局服务、Portainer 实例部署、添加 Endpoints。

添加私有仓库：在页面中依次选择 Registries→Add registry→Custom registry，进行如图 11.13 所示的配置。

图11.13　添加私有仓库

单击图 11.13 中的 Add registry 按钮，私有仓库即创建完成，如图 11.14 所示。

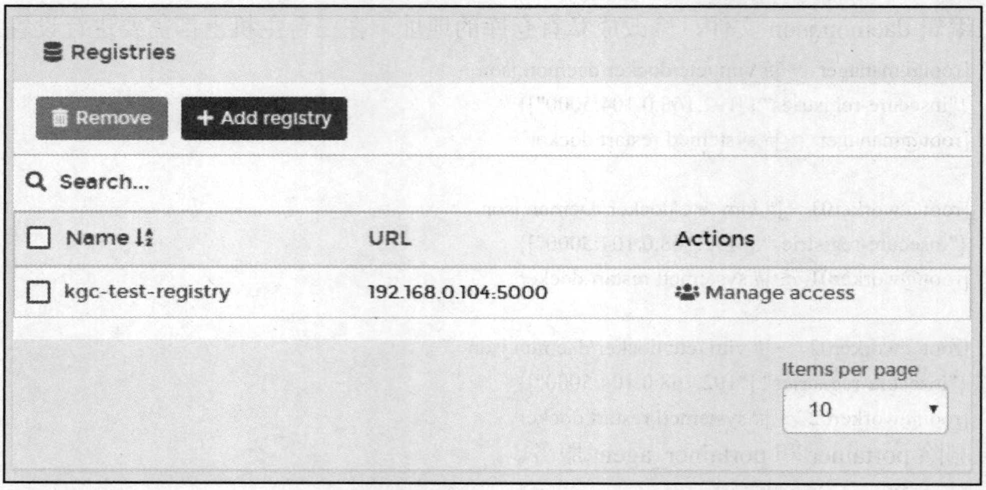

图11.14　私有仓库创建成功

在 manager 节点上，首先通过添加标签的方式将 httpd 镜像创建为一个 192.168.0.104:5000/httpd-test:2018-10-11 镜像并上传到私有仓库，再通过 Portainer 创建服务测试。具体操作如下所示：

[root@manager ～]# docker pull httpd
Using default tag: latest
latest: Pulling from library/httpd
Digest: sha256:81bc5f68f994a3c7bffc5d6ecba9e4fde70488c43ee8d57846a45c4995c67a23
Status: Downloaded newer image for httpd:latest
[root@manager ～]# docker tag httpd 192.168.0.104:5000/httpd-test:2018-10-11
[[root@manager ～]#　docker push 192.168.0.104:5000/httpd-test:2018-10-11
The push refers to repository [192.168.0.104:5000/httpd-test]
32d97b24a653: Pushed
574b94160616: Pushed
13197fce7b91: Pushed
94b0399694b0: Pushed
37c16229e40b: Pushed
83120c5c6d3b: Pushed
8c466bf4ca6f: Pushed
2018-10-11: digest: sha256:3cc89d0bff10d261d6cd19eeabf33fc8ea814a0685829892e267de24d621fe29 size: 1780

在 Portainer 中创建 kgc-web-test02 服务。依次选择 Services→＋Add service，并进行如图 11.15 所示的设置。

单击 Create the service 按钮，kgc-web-test02 服务创建成功，如图 11.16 所示。

查看 kgc-web-test02 容器的命令如下所示：

[root@manager ～]# docker ps -a | grep httpd-test
08f9eff0facf　　　　　192.168.0.104:5000/httpd-test:2018-10-11　　　　"httpd-foreground"　　　　4

```
minutes ago        Up 4 minutes        80/tcp        kgc-web-test02.2.uyv3zjptqvgrh1na6e8f7c6fp
```

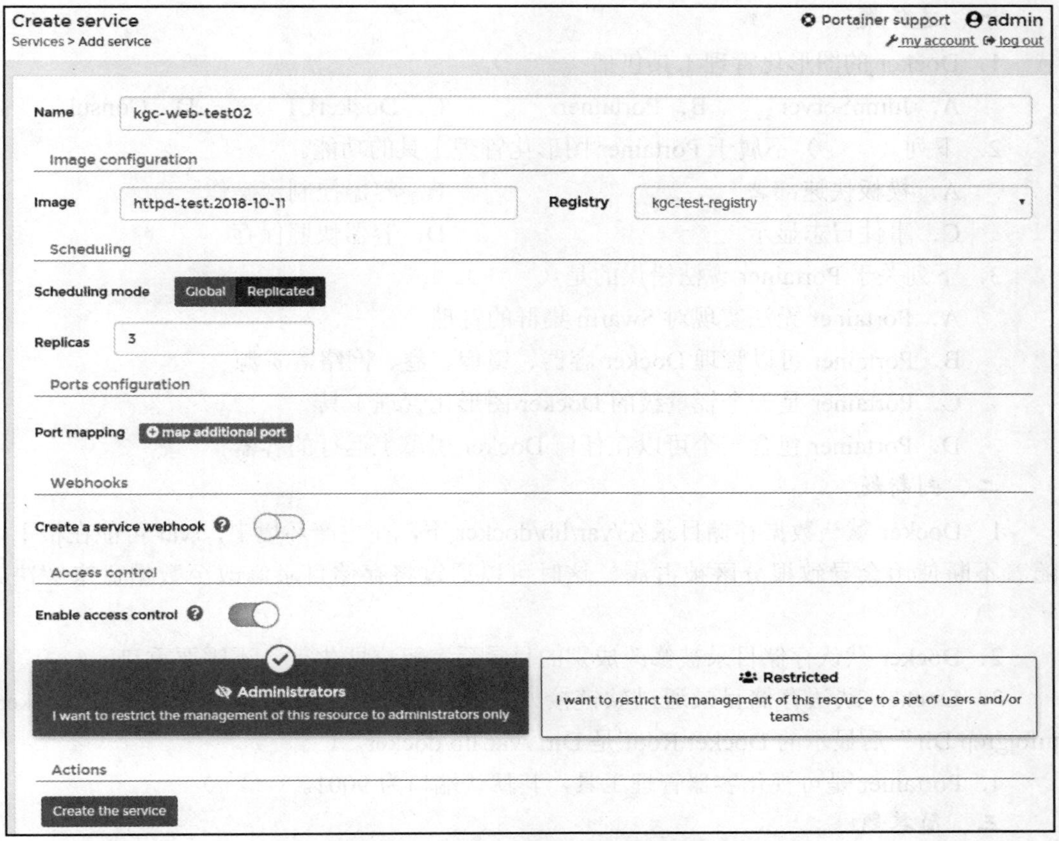

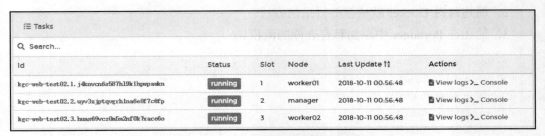

图11.15　创建kgc-web-test02服务

Tasks

Search...

Id	Status	Slot	Node	Last Update	Actions
kgc-web-test02.1.j4knvcn6s587h19k1hpwpawkn	running	1	worker01	2018-10-11 00:56:48	View logs >_ Console
kgc-web-test02.2.uyv3zjptqvgrh1na6e8f7c6fp	running	2	manager	2018-10-11 00:56:48	View logs >_ Console
kgc-web-test02.3.huas69vcs0m5m2nf0k7xace6o	running	3	worker02	2018-10-11 00:56:48	View logs >_ Console

图11.16　kgc-web-test02服务创建成功

本章小结

通过本章的学习，读者了解了 Docker 修改默认存储目录的方法与 Portainer 图形化管理工具的部署方法。Docker 的图形化管理工具除 Portainer 之外，还包括 Docker UI、Shipyard、Daocloud 等，有兴趣的读者可自行学习。下一章中将会详细介绍 TiDB 部署等内容。

本章作业

一、选择题

1. Docker 的图形化管理工具包括（　　）。
   A. JumpServer　　B. Portainer　　C. DockerUI　　D. Consul
2. 下列（　　）不属于 Portainer 图形化管理工具的功能。
   A. 模板快速部署　　　　　　　　B. 容器控制台操作
   C. 事件日志显示　　　　　　　　D. 容器快照保存
3. 下列关于 Portainer 说法错误的是（　　）。
   A. Portainer 无法实现对 Swarm 集群的管理
   B. Portainer 可以管理 Docker 容器、镜像、卷、网络等资源
   C. Portainer 是一个轻量级的 Docker 图形化管理工具
   D. Portainer 包含一个可以在任何 Docker 引擎上运行的容器

二、判断题

1. Docker 默认数据存储目录在/var/lib/docker 下，在生产环境中，/var 可能在根下，随着不断使用会导致根分区被占满，这时可以通过将存储目录修改至数据盘来解决。（　　）
2. Docker 默认存储目录被修改成别的目录后，可立即生效，不需要重启。（　　）
3. Docker 默认存储目录通过软链接方式改到/data/docker 后，使用命令"docker info|grep Dir"后显示的 Docker Root 是 Dir: /var/lib/docker。（　　）
4. Portainer 是可视化容器管理工具，其默认端口为 9001。（　　）

三、简答题

1. 简述修改 Docker 默认存储目录所关注的三个重要信息。
2. 简述修改 Docker 默认存储目录的方法。
3. 简述在 Portainer 中添加私有仓库的流程。

第 12 章

案例：安装部署 TiDB

技能目标

- 了解 TiDB
- 会安装 Ansible
- 会使用 Ansible 安装 TiDB

价值目标

数据是企业和国家的核心，管理好数据是一个运维人员必备的技能，同时，数据的安全性也是至关重要的环节。在学习数据库的过程中，增强学生对数据存储、使用和安全的多方面技能，为企业和国家的数据存储及安全提供有力的保障。

本章将结合关系型数据库 MySQL 和非关系型数据库 Redis 这两个数据库的优点，介绍一款全新的数据库产品——TiDB。

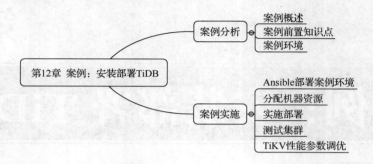

12.1 案例分析

12.1.1 案例概述

数据库技术自产生以来先后经历了 RDB（Relational Database，关系数据库）、NoSQL 和 NewSQL 三个发展阶段。RDB 用于存储结构性数据，以数据表的形式存在，且表和表之间存在相互关系，支持使用 SQL 语句查询。典型的代表是 MySQL。当数据量不大时，使用单节点的 MySQL 再配合备份机制即可满足要求。当数据量增加时，可以部署 MySQL 主从复制和读写分离。但是当面对海量数据存储、高并发请求、高可用、高可扩展性等要求时，RDB 就显得力不从心。所以出现了 NoSQL（Not Only SQL）数据库，意即 "不仅仅是 SQL"，这是一项全新的数据库革命。与按行存储数据的 RDB 不同，NoSQL 一般是按列存储数据。同时，它支持分布式事务数据处理。典型的代表是 HBase。HBase 在扩容和性能方面都做得比较好，但是 HBase 不支持 SQL 语法，对复杂查询的支持也较为欠缺，并且 HBase 的分布式事务不支持跨行操作。由此引出了 NewSQL 的概念。NewSQL 可以简单地理解为 SQL + NoSQL。NewSQL 同时支持 SQL 语法和分布式事务数据处理。本章将通过 TiDB 学习 NewSQL 数据库的基本知识，主要介绍如何使用 Ansible、Docker 和 Docker Compose 部署 TiDB。

12.1.2 案例前置知识点

1. 什么是 TiDB

TiDB 是 PingCAP 公司设计的开源分布式混合事务处理和分析处理（Hybrid Transactional and Analytical Processing，HTAP）数据库，其设计灵感来源于 Google Spanner 和 F1 的论文。TiDB 是 SQL 和 NoSQL 的结合体，不但可以兼容 MySQL，同时支持无限的水平扩展，具备强一致性和高可用性。

2. TiDB 的优势

TiDB 具备以下优势。

（1）高度兼容 MySQL，无须修改代码即可实现 MySQL 数据库至 TiDB 数据库的迁移。

（2）面对高并发和海量数据等场景时，可以通过增加节点实现 TiDB 的水平弹性扩展。

（3）具备关系数据库的 ACID 特性。

（4）基于 Raft 的多数派选举协议，提供金融级的 100%数据强一致性保证，且在不丢失大多数副本和不需要人工参与的前提下，实现故障的自动恢复（auto-failover）。

（5）作为典型的 OLTP（On-Line Transaction Processing，在线事务处理过程）行存储数据库，兼具强大的 OLAP（On-Line Analytical Processing，在线分析处理过程）性能，配合 TiSpark 可提供一站式 HTAP 解决方案，一份存储可同时处理 OLTP 和 OLAP，不需要传统的烦琐的 ETL 过程。

（6）TiDB 是为云而设计的数据库，与 Kubernetes 深度耦合，支持公有云、私有云和混合云，使部署、配置和维护变得十分简单。

3. TiDB 整体架构

如图 12.1 所示，TiDB 集群主要包含三个组件，分别是 TiDB Server、PD Server 和 TiKV Server。其作用如下。

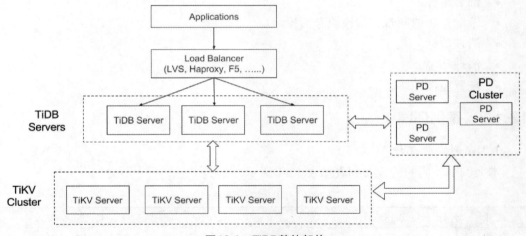

图12.1　TiDB整体架构

（1）TiDB Server。TiDB Server 负责接收并处理用户或应用发出的 SQL 请求，并向用户返回查询结果。TiDB Server 是无状态的，其本身并不存储数据。在执行具体 SQL 任务时，通过 PD Server 找到存储数据的 TiKV 地址，然后与 TiKV 交互获取数据。TiDB Server 可以有多个，并支持无限水平扩展。

（2）PD Server。PD（Placement Driver）Server 是整个集群中的管理模块，在集群中负责执行以下任务。

- 存储集群的元信息（某个 Key 存储在哪个 TiKV 节点）。

- 对 TiKV 集群进行调度，以实现负载均衡。
- 分配全局唯一且递增的事务 ID。

PD Server 是一个集群，需要部署一个节点，节点数一般为奇数，生产环境至少部署三个节点。

（3）TiKV Server。TiKV Server 负责存储数据，对外提供分布式的存储服务并支持事务处理。数据以键值对的方式存储，存储数据的基本单位是 Region。每个 Region 负责存储一个连续的键值范围的数据，每个 TiKV 节点负责多个 Region。TiKV 通过复制产生副本，从而保持数据的一致性并实现容灾。TiKV 使用 Raft 协议进行复制，副本以 Region 为单位进行管理，不同节点上的多个 Region 构成一个 Raft Group。多个副本之间的负载均衡则由 PD Server 以 Region 为单位统一进行调度。

4. 什么是 TiDB-Ansible

TiDB 集群支持自动化部署。通过使用 TiDB-Ansible 集群部署工具可以快速部署一个完整的 TiDB 集群。TiDB-Ansible 是 PingCAP 基于 Ansible playbook 功能编写的集群部署工具，可自动部署 PD、TiDB、TiKV 和集群监控模块。

TiDB-Ansible 部署工具可以通过配置文件设置集群拓扑，一键完成以下各项运维工作。

- 初始化操作系统参数。
- 部署组件。
- 滚动升级的同时支持模块存活检测。
- 清理数据。
- 清理环境。
- 配置监控模块。

12.1.3 案例环境

1. 案例实验环境

本案例中使用的的设备列表如表 12-1 所示。

表 12-1 TiDB 案例设备列表

主机	操作系统	主机名/IP 地址	主要服务
服务器 1	CentOS 7.3-x86_64	PD1/192.168.9.133	PD1,TiDB1
服务器 2	CentOS 7.3-x86_64	PD2/192.168.9.97	PD2,TiDB2
服务器 3	CentOS 7.3-x86_64	PD3/192.168.9.98	PD3
服务器 4	CentOS 7.3-x86_64	TiKV1/192.168.9.32	TiKV1
服务器 5	CentOS 7.3-x86_64	TiKV2/192.168.9.35	TiKV2
服务器 6	CentOS 7.3-x86_64	TiKV3/192.168.9.101	TiKV3

在实际部署时，至少需要存在三个 TiKV 实例，且 TiKV Server 与 TiDB Server、PD Server 分别位于不同的主机。本案例使用 TiDB-Ansible 自动部署集群，所以需要一台中

控机用于 Ansible 下发部署任务，中控机可以选择部署在目标机器中的任意一台上。综合以上需求，本案例的具体拓扑如图 12.2 所示。

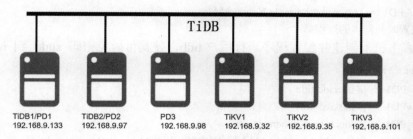

图12.2　TiDB案例拓扑

2．案例需求

本案例的需求如下所示。

（1）使用 Ansible 部署 TiDB。

（2）部署完成后需要优化 TiKV 性能参数。

3．案例实现思路

本案例的实现思路如下所示。

（1）部署 Ansible 案例环境。

（2）分配机器资源。

（3）实施部署。

（4）测试集群。

（5）调优 TiKV 性能参数。

12.2　案例实施

12.2.1　Ansible 部署案例环境

1．安装准备环境

在所有主机上添加硬盘作为数据存储盘，格式化为 ext4 文件系统，并在挂载时增加 nodealloc 挂载参数。执行如下命令：

[root@PD1　~]# fdisk /dev/sdb

[root@PD1　~]# mkfs.ext4 /dev/sdb1

[root@PD1　~]# mkdir /data1

[root@PD1　~]# mount -t ext4 -o nodealloc /dev/sdb1 /data1/

在所有主机上执行关闭防火墙、SELinux、NetworkManager 操作，并配置所有节点的时间同步。执行如下命令：

[root@ PD1　~]# yum -y install ntp

```
[root@ PD1 ~]# systemctl start ntpd
[root@ PD1 ~]# systemctl enable ntpd
[root@ PD1 ~]# systemctl stop NetworkManager
[root@ PD1 ~]# systemctl disable NetworkManager
…//配置时间同步的过程略
```

在所有主机上创建并配置程序运行用户 tidb，使其可以免密码 sudo 到 root 用户。执行如下命令：

```
[root@PD1 ~]# useradd tidb
[root@PD1 ~]# passwd tidb
[root@PD1 ~]# touch /etc/sudoers.d/tidb
[root@PD1 ~]# echo 'tidb    ALL=(ALL)   NOPASSWD: ALL' > /etc/sudoers.d/tidb
```

在中控机上，配置 SSH 可以免密码登录其他节点。本案例中的中控机部署在 PD1 主机上。执行如下命令：

```
[root@PD1 ~]#su - tidb
[tidb@PD1 ~]$ssh-keygen
[tidb@PD1 ~]$cat   ~/.ssh/id_rsa.pub >  ~/.ssh/authorized_keys
[tidb@PD1 ~]$ chmod 600 /home/tidb/.ssh/authorized_keys
[tidb@PD1 ~]$ssh-copy-id -i   ~/.ssh/id_rsa.pub 192.168.9.97
[tidb@PD1 ~]$ssh-copy-id -i   ~/.ssh/id_rsa.pub 192.168.9.98
[tidb@PD1 ~]$ssh-copy-id -i   ~/.ssh/id_rsa.pub 192.168.9.32
[tidb@PD1 ~]$ssh-copy-id -i   ~/.ssh/id_rsa.pub 192.168.9.35
[tidb@PD1 ~]$ssh-copy-id -i   ~/.ssh/id_rsa.pub 192.168.9.101
```

2．安装 Ansible 及其依赖软件包

在 PD1 中控机上安装 Ansible 及其依赖，执行以下操作。

（1）安装 PIP

```
[root@PD1 ~]# yum -y install wget
[root@PD1 ~]# wget https://download.pingcap.org/pip-rpms.el7.tar.gz
[root@PD1 ~]# tar -xzvf pip-rpms.el7.tar.gz
[root@PD1 ~]# cd pip-rpms.el7
[root@PD1 pip-rpms.el7]# chmod u+x install_pip.sh
[root@PD1 pip-rpms.el7]#    ./install_pip.sh
[root@PD1 pip-rpms.el7]# pip -V
pip 8.1.2 from /usr/lib/python2.7/site-packages (python 2.7)
```

（2）安装 Ansible

下载 Ansible 安装包，并执行以下命令安装 Ansible：

```
[root@PD1 ~]# wget    https://download.pingcap.org/ansible-2.5.0-pip.tar.gz
[root@PD1 ~]#tar -xzvf ansible-2.5.0-pip.tar.gz
[root@PD1 ~]# cd ansible-2.5.0-pip/
[root@PD1 ansible-2.5.0-pip]# chmod +x install_ansible.sh
[root@PD1 ansible-2.5.0-pip]# mkdir  ~/.pip
[root@PD1 ansible-2.5.0-pip]# vi  ~/.pip/pip.conf      //更改 pip 源为国内源
[global]
```

```
index-url = http://mirrors.aliyun.com/pypi/simple/
[install]
trusted-host = mirrors.aliyun.com
[root@PD1 ansible-2.5.0-pip]# pip install paramiko
[root@PD1 ansible-2.5.0-pip]# pip install cryptography
[root@PD1 ansible-2.5.0-pip]# ./install_ansible.sh
```

通过如下命令查看是否安装成功：

```
[root@PD1 ansible-2.5.0-pip]# ansible --version
ansible 2.5.0
…//省略部分内容
```

3. 下载 TiDB-Ansible 安装包

（1）下载 2.0 GA 版本

```
[root@PD1 ansible-2.5.0-pip]# yum -y install git
[root@PD1 ansible-2.5.0-pip]# git clone -b release-2.0 https://github.com/pingcap/tidb-ansible.git
```

（2）下载 TiDB binary

```
[root@PD1 ansible-2.5.0-pip]# cd tidb-ansible
[root@PD1 tidb-ansible]# ansible-playbook local_prepare.yml
```

（3）复制目录

复制 tidb-ansible 目录到中控机的/home/tidb 目录下，并设置属主为 tidb 用户。

```
[root@PD1 ansible-2.5.0-pip]# cp -r tidb-ansible /home/tidb/
[root@PD1 ansible-2.5.0-pip]# chown -R tidb /home/tidb/tidb-ansible
```

12.2.2 分配机器资源

1. 编辑 inventory.ini 文件

编辑 inventory.ini 文件，路径为 tidb-ansible/inventory.ini，在该文件内进行各个组件的角色分配。本案例中，编辑内容如下所示：

```
[root@PD1 ansible-2.5.0-pip]# cd /home/tidb/
[root@PD1 tidb]# vi tidb-ansible/inventory.ini
## TiDB Cluster Part
[tidb_servers]
192.168.9.133
192.168.9.97

[tikv_servers]
192.168.9.32
192.168.9.35
192.168.9.101

[pd_servers]
192.168.9.133
192.168.9.97
192.168.9.98
```

```
[spark_master]

[spark_slaves]

## Monitoring Part
# prometheus and pushgateway servers
[monitoring_servers]
192.168.9.133

[grafana_servers]
192.168.9.133

# node_exporter and blackbox_exporter servers
[monitored_servers]
192.168.9.133
192.168.9.97
192.168.9.98
192.168.9.32
192.168.9.35
192.168.9.101

[alertmanager_servers]
#192.168.0.10
```
…//省略部分内容

2. inventory.ini 变量调整

配置 deploy_dir 变量值为挂载目录，该变量对所有服务均生效。执行如下命令：

```
[root@PD1 tidb]# vi tidb-ansible/inventory.ini
…省略部分内容
## Global variables
[all:vars]
deploy_dir = /data1/deploy
```
…//省略部分内容

12.2.3 实施部署

1. 确认服务运行用户

在中控机上编辑 tidb-ansible/inventory.ini 文件，确保 ansible_user 项配置为 tidb，即使用 tidb 用户作为服务运行用户。

```
[root@PD1 tidb]# cat tidb-ansible/inventory.ini
…//省略部分内容
## Connection
# ssh via normal user
ansible_user = tidb
```
…//省略部分内容

2. 确认操作权限配置

执行以下命令,如果所有 server 均返回 tidb,表示 SSH 互信配置成功:

```
[root@PD1 tidb]#su – tidb
[tidb@PD1 ~]$ cd tidb-ansible/
[tidb@PD1 tidb-ansible]$ ansible -i inventory.ini all -m shell -a 'whoami'
  192.168.9.133 | SUCCESS | rc=0 >>
  tidb
  192.168.9.98 | SUCCESS | rc=0 >>
  Tidb
     …//省略部分内容
```

执行以下命令,如果所有 server 均返回 root,表示 tidb 用户 sudo 免密码配置成功:

```
[tidb@PD1 tidb-ansible]$ ansible -i inventory.ini all -m shell -a 'whoami' -b
  192.168.9.133 | SUCCESS | rc=0 >>
  root
  192.168.9.97 | SUCCESS | rc=0 >>
  root
```

3. 初始化系统环境,修改内核参数

在实际生产环境中,TiDB 往往要求配备八核以上 CPU、32GB 以上内存以及读写效率更高的 SSD 硬盘。由于这里是实验环境,需要跳过 CPU 及 SSD 硬盘检测。执行以下命令,编辑 bootstrap.yml 文件,并对不需要检测的部分进行注释:

```
[tidb@PD1 tidb-ansible]$ vi bootstrap.yml
    …//省略部分内容
#     - { role: check_system_optional, when: not dev_mode|default(false) }
    …//省略部分内容
#     - { role: machine_benchmark, when: not dev_mode|default(false) }
    …//省略部分内容
[tidb@PD1 tidb-ansible]$ ansible-playbook bootstrap.yml
```

4. 部署 TiDB 集群软件

执行以下命令,开始部署 TiDB 集群软件:

```
[tidb@PD1 tidb-ansible]$  ansible-playbook deploy.yml
```

5. 安装 Grafana

Grafana 是一个开源的 metric 分析及可视化系统,通过 Grafana 可以展示 TiDB 的各项性能指标。执行以下命令安装 Grafana:

```
[tidb@PD1 tidb-ansible]$ sudo yum install fontconfig open-sans-fonts
```

6. 启动 TiDB 集群

执行以下命令,启动 TiDB 集群:

```
[tidb@PD1 tidb-ansible]$ ansible-playbook start.yml
```

12.2.4 测试集群

1. 连接测试

TiDB 默认工作在 TCP 4000 端口,使用 MySQL 客户端进行连接测试,如图 12.3 所示。

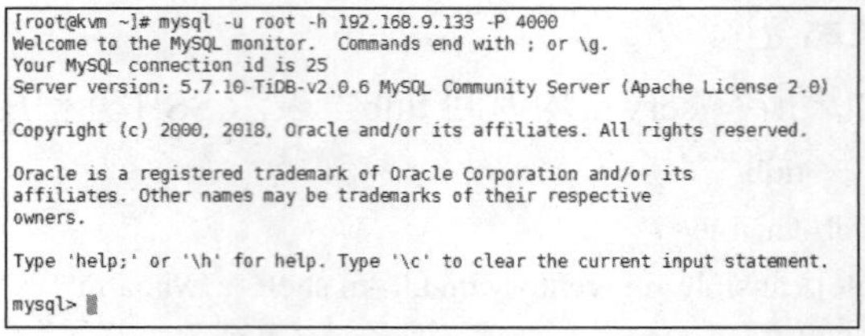

图12.3　客户端MySQL连接测试

2．访问监控平台

打开浏览器，在地址栏输入 http://192.168.9.133:3000，打开 Grafana 监控平台登录页面，如图 12.4 所示，默认登录账号和密码分别是 admin 和 admin。

图12.4　访问监控平台

12.2.5　TiKV 性能参数调优

由于 TiKV 的持久化存储通过 RocksDB 实现，所以使用了与 RocksDB 相关的性能参数。在 TiKV 中主要使用两个 RocksDB 实例：默认 RocksDB 实例和 Raft RocksDB 实例（简称 RaftDB），其中，默认 RocksDB 实例用于存储 KV（Key-value）数据，Raft Rocks，DB 实例用于存储 Raft（日志）数据。

TiKV 使用了 RocksDB 的 Column Families 特性。默认 RocksDB 实例将 KV 数据存储在内部的 default、write 和 lock 三个 CF（列族）内。

- default CF 存储的是真正的数据，与其对应的参数位于 [rocksdb.defaultcf] 项中。
- write CF 存储的是数据的版本信息（MVCC）以及索引相关的数据，相关的参数位于 [rocksdb.writecf] 项中。
- lock CF 存储的是锁信息，系统使用默认参数。

Raft RocksDB 实例主要存储 Raft log，其存储机制如下：

- default CF 主要存储的是 Raft log，与其对应的参数位于 [raftdb.defaultcf] 项中。
- 每个 CF 都有单独的 block-cache，用于缓存数据块，加速 RocksDB 的读取速度，block-cache 的大小通过参数 block-cache-size 控制。block-cache-size 越大，能够缓存的热点数据越多，对读取操作越有利，同时占用的系统内存也越多。
- 每个 CF 有各自的 write-buffer，通过 write-buffer-size 控制其大小。

TiKV 的性能应根据不同的生产环境、不同的需求灵活地进行调整。TiKV 的调优参数主要通过 tikv.toml 文件实现，tikv.toml 文件位于/data1/deploy/conf/目录下。下面介绍配置文件中常用的调优参数。
　　log-level = "info"   //设置需要输出的日志级别，可选值为 trace、debug、info、warn、error、off

　　[server]
　　addr = "127.0.0.1:20160"   //设置监听地址和端口
　　notify-capacity = 40960
　　messages-per-tick = 4096
　　grpc-concurrency = 4   //设置 gRPC 线程池大小
　　grpc-raft-conn-num = 10   // 设置 TiKV 每个实例之间的 gRPC 连接数
　　end-point-concurrency = 8   //用于设置 coprocessor 线程的个数，coprocessor 线程用于处理发送到
//TiKV 的读请求。在读请求比较多的场景中，应增加 coprocessor 线程数，但不应超出 CPU 的核心数。
//默认情况下，TiKV 设置该值为 CPU 总核心数的 0.8 倍 labels = {zone = "cn-east-1", host = "118", disk =
//"ssd"} 给 TiKV 实例打标签，用于副本的调度

　　[storage]
　　data-dir = "/tmp/tikv/store"   //设置数据存储目录

　　scheduler-concurrency = 102400   //一般使用默认值，在导入数据时，建议将该参数设置为 1024000
　　scheduler-worker-pool-size = 4   //控制写入线程的个数，在写请求较多的场景中，应增加该参数的
//取值

　　[metric]
　　interval = "15s"   //设置将 metrics 推送给 Prometheus pushgateway 的时间间隔
　　#address = ""   // 设置 Prometheus pushgateway 的地址
　　job = "tikv"

　　[raftstore]

　　sync-log = true   //默认设置为 true，表示强制将数据刷到磁盘上。在非金融安全级别的业务场景
//中，建议设置成 false，以便获得更高的性能

　　raftdb-dir = "/tmp/tikv/store/raft"   // 设置 Raft RocksDB 目录。默认值是 [storage.data-dir] 的 raft
//子目录。如果存在多块磁盘，建议将 Raft RocksDB 的数据放在不同的盘上，以提高 TiKV 的性能

　　region-max-size = "384MB"

　　region-split-size = "256MB" // 设置 region 分裂阈值

　　region-split-check-diff = "32MB"   //设置需要分裂的数据量阈值。当 region 写入的数据量超过
//该阈值时，TiKV 会检查该 region 是否需要分裂

　　[rocksdb]

　　max-background-jobs = 8   // 设置运行 RocksDB 后台任务的最大线程数，后台任务包括
//compaction 和 flush。一般在写流量较大时（例如导入数据），建议开启更多的线程，但应小于 CPU
//的核心数

```
max-open-files = 40960        // 设置 RocksDB 能够打开的最大文件句柄数

max-manifest-file-size = "20MB"   // 设置 RocksDB MANIFEST 文件的大小限制

wal-dir = "/tmp/tikv/store"    // 设置 RocksDB write-ahead logs 目录。如果存在足够多的磁盘，建
//议将 RocksDB 的数据和 WAL 日志分别存放在不同的磁盘中，以提高 TiKV 的性能

# wal-ttl-seconds = 0    //处理 RocksDB 归档 WAL
# wal-size-limit = 0     //处理 RocksDB 归档 WAL

max-total-wal-size = "4GB"   // 设置 RocksDB WAL 日志的最大值，一般情况下使用默认值即可

enable-statistics = true   //打开或关闭 RocksDB 的统计信息

compaction-readahead-size = "2MB"   //打开 RocksDB compaction 过程中的预读功能，如果使用机
//械磁盘，建议该值至少设置为 2MB


[rocksdb.defaultcf]

block-size = "64KB"    //设置数据块大小。RocksDB 以 block 为单元对数据进行压缩，同时 block
//也是缓存在 block-cache 中的最小单元

compression-per-level = ["no", "no", "lz4", "lz4", "lz4", "zstd", "zstd"]      //设置 RocksDB 每一层
//数据的压缩方式，可选的值为 no、snappy、zlib、bzip2、lz4、lz4hc、zstd。其中，no 表示不压缩，lz4
//是速度和压缩比较为平衡的压缩算法，zlib 的压缩比很高，对存储空间比较友好，但速度较慢，压缩
//的时候需要占用更多的 CPU 资源，可根据 CPU 以及 I/O 资源情况来配置相应的压缩方式。如取值
//为 no:no:lz4:lz4:lz4:zstd:zstd，表示 level0 和 level1 不压缩，level2 到 level4 采用 lz4 压缩算法,level5
//和 level6 采用 zstd 压缩算法
write-buffer-size = "128MB"      // 设置 RocksDB memtable 的大小

max-write-buffer-number = 5     //设置允许存在 memtable 的最大数量。写入到 RocksDB 的数据首
//先会记录到 WAL 日志中，然后再插入到 memtable 中。当 memtable 的大小达到了 write-buffer-size
//限定的大小时，当前的 memtable 会变成只读的，然后生成一个新的 memtable 接收新的写入。只读
//的 memtable 会被 RocksDB 的 flush 线程（max-background-flushes 参数能够控制 flush 线程的最大
//个数）flush 到磁盘，成为 level0 的一个 sst 文件。当 flush 线程过载时，导致等待 flush 到磁盘的
//memtable 的数量达到 max-write-buffer-number 限定的数量，RocksDB 会将新的写入数据进行 stall 处
//理。stall 是 RocksDB 的一种流控机制。在导入数据时，可将 max-write-buffer-number 的值设置得更大

level0-slowdown-writes-trigger = 20 //当 level0 的 sst 文件个数达到 level0-slowdown-writes-trigger
//设置的最大限制时，RocksDB 会尝试减慢写入的速度。从而避免因为 level0 的 sst 太多而导致 RocksDB
//的读放大，即比理论上消耗更多的读成本。level0-slowdown-writes-trigger 和 level0-stop-writes-trigger
//是 RocksDB 进行流控的另一个表现

level0-stop-writes-trigger = 36 //当 level0 的 sst 文件个数达到 level0-stop-writes-trigger 设置的最大限
//制时，RocksDB 会延迟新的写入，stall 是 RocksDB 的一种流控机制
```

```
        max-bytes-for-level-base = "512MB"      //当 level1 的数据量大小达到 max-bytes-for-level-base 设
//置的最大值时，会触发 level1 的 sst 和 level2 中有 overlap 的 sst 进行 compaction。建议设置
//max-bytes-for-level-base 的取值和 level0 的数据量一致，可以减少不必要的 compaction
        target-file-size-base = "32MB"        // 设置 sst 文件的大小，用于控制 level1～level6 单个 sst 文件
//的大小。而 level0 的 sst 文件的大小取决于 write-buffer-size 和 level0 采用的压缩算法
        # block-cache-size = "1GB"          //默认值为系统总内存量的 40%，如需在单个物理主机部署多个
//TiKV 节点，需要配置该参数，否则 TiKV 容易出现 OOM 的问题

        [rocksdb.writecf]
        compression-per-level = ["no", "no", "lz4", "lz4", "lz4", "zstd", "zstd"]              //建议和
//rocksdb.defaultcf.compression-per-level 设置保持一致

        write-buffer-size = "128MB"       //指定缓存写入的最大值，当超出该值时，将数据临时变为可读并
                                          //写入磁盘

        max-write-buffer-number = 5      //当需要缓存的数据达到该值时，将延迟写入

        min-write-buffer-number-to-merge = 1    //建议和 rocksdb.defaultcf.write-buffer-size 设置保持一致

        max-bytes-for-level-base = "512MB"     //当 level 1 的数据量大小达到该值时，将触发压缩机制，建
//议该值和 level 0 的数据量保持一致，以减少不必要的压缩
        target-file-size-base = "32MB"       //该参数用来限制 level 1～level 16 单个 sst 文件的大小

        block-cache-size = "256MB"       //默认值为系统总内存量的 15%。如果需要在单个物理主机上部署
//多个 TiKV 节点，需要配置该参数。与版本信息（MVCC）以及索引相关的数据都记录在 write CF
//里面。如果业务场景下单表索引较多，可增大该参数的设置

        [raftdb]
        max-open-files = 40960         // 设置 RaftDB 能够打开的最大文件句柄数

        enable-statistics = true      //打开或者关闭 RaftDB 的统计信息

        compaction-readahead-size = "2MB"     //开启 RaftDB compaction 过程中的预读功能，如使用机械
//磁盘，建议该值至少设置为 2MB

        [raftdb.defaultcf]
        compression-per-level = ["no", "no", "lz4", "lz4", "lz4", "zstd", "zstd"]              //建议和
//rocksdb.defaultcf.compression-per-level 设置保持一致

        write-buffer-size = "128MB"       //建议和 rocksdb.defaultcf.write-buffer-size 设置保持一致
        max-write-buffer-number = 5      //建议和 rocksdb.defaultcf.write-buffer-size 设置保持一致
        min-write-buffer-number-to-merge = 1    //建议和 rocksdb.defaultcf.write-buffer-size 设置保持一致

        max-bytes-for-level-base = "512MB"     //建议和 rocksdb.defaultcf.max-bytes-for-level-base 设置保
//持一致
```

```
        target-file-size-base = "32MB"              //建议和 rocksdb.defaultcf.max-bytes-for-level-base 设置保持一致

        block-cache-size = "256MB"         // 设置块缓存大小，通常设置其值为 256MB 到 2GB 之间，如
//系统资源比较充足，可以适当增加
```

本章小结

通过对本章的学习，读者接触了一种全新的数据库模型 NewSQL，并基于此了解了 TiDB 的概念、架构以及基于 Ansible 安装部署 TiDB。TiDB 主要包含三个组件，分别是 TiDB Server、PD Server 和 TiKV Server。首先了解 TiDB 的作用，然后理解 TiDB 的架构原理，对于 TiDB 的安装部署以及运行维护将有很大的帮助。下一章将会介绍 OpenStack+Ceph 环境部署，并基于此运行 Docker 容器中的应用。

本章作业

一、选择题

1. 下列关于数据库的说法错误的是（　　）。
   A．MySQL 是关系型数据库
   B．MySQL 可以通过配置读写分离和主从复制来应对数据量变大
   C．HBase 是 NoSQL，支持分布式事务数据处理，支持 SQL 语法
   D．NoSQL 在应对大数据量和高并发时在性能方面要优于 RDB
2. TiDB 组件中的 PD Server 具有（　　）功能。
   A．提供分布式的存储服务
   B．存储群集中的元信息
   C．对 TiKV 群集进行调度以实现负载均衡
   D．接收并处理用户或应用发出的 SQL 请求
3. TiDB 在生产环境中部署时，要求的最低配置为（　　）。
   A．4 核 CPU、16GB 内存、SSD 磁盘　　B．8 核 CPU、32GB 内存、SSD 磁盘
   C．16 核 CPU、32GB 内存、SSD 磁盘　　D．8 核 CPU、16GB 内存、SSD 磁盘

二、判断题

1. TiDB 的设计灵感来源于 Google Spanner 和 F1 的论文，具备强一致性和高可用性。（　　）
2. TiDB 是为云而设计的数据库，同 Kubernetes 深度耦合，支持各种云。（　　）
3. TiDB Server 是无状态的，负责存储数据，并提供分布式存储服务。（　　）
4. TiKV 的性能应根据不同的生产环境灵活进行调整，可通过配置文件 config.toml 实现。（　　）

三、简答题

1. TiDB 的优势有哪些？
2. TiDB 包含哪些组件，其作用是什么？
3. 如何验证 TiDB 群集是否正常工作？

第 13 章

OpenStack+Ceph+Docker 微服务平台实战

技能目标

- 了解 OpenStack、Ceph、Docker
- 会安装 OpenStack、Ceph、Docker
- 会进行 OpenStack、Ceph、Docker 的集成配置
- 会使用 OpenStack 云平台创建虚拟机

价值目标

  微服务平台使用的原来越广泛,也被越来越多的企业所重视。只有在实践中才能不断的学习和总结之前学过的知识,检验是否熟练掌握。通过对微服务平台实战的训练,加强学生在综合平台中知识的掌握程度和熟练程度,培养学生顽强拼搏、奋斗有我的信念。

OpenStack 中，有非常重要的两个存储项目：cinder 和 swift，分别用来提供块存储和对象存储。除此之外，基于 Ceph 的存储方案 OpenStack 具备更高效的程序运行效率，同时支持块存储、对象存储和文件系统等特性，逐渐成为云中使用的主流存储方案。本章将详细介绍 OpenStack+Ceph 部署方案，并基于此搭建 Docker 容器。

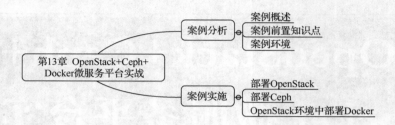

13.1 案例分析

13.1.1 案例概述

本案例使用 OpenStack 的 queens 版本。通过自动化部署 OpenStack，并集成 Ceph 存储，最后在 OpenStack 平台上运行 Docker 容器应用。

13.1.2 案例前置知识点

1. Kolla 简介

Kolla 是 OpenStack 的一个项目，用来自动化部署 OpenStack。通过将 OpenStack 中的各个服务以容器化的方式进行部署，并通过容器进行交付，大大简化了跨平台的问题，同时使升级成为可能。

Kolla 最初的设计基于 Docker 和 ansible 实现。其中，Docker 主要负责镜像制作、容器管理，而 ansible 主要负责环境的部署和管理。Kolla 将 Docker 和 ansible 集成在一个项目中。但是从 O 版本开始，Kolla 将容器和自动化部署进行了分离，其中，Kolla 用来构建所有服务的镜像，Kolla-ansible 用来执行自动化部署。

在部署 OpenStack 的过程中，定义了四层容器，分别是：
- base
- openstack-base
- <service>-base
- <service>

下面分别进行介绍。

（1）base

base 中主要定义了部署环境的基础内容，也是构建其他镜像的基础。具体包含：
- 命令行提示符格式

- 指定软件包的 yum 安装源
- 安装基础的软件

可以通过修改 base 的 dockerfile 文件，来实现定制内容。

（2）openstack-base

openstack-base 是基于 base 创建的，并在 base 的基础上安装了 OpenStack 通用的基础组件以及软件包，比如 oslo*和*client 等内容。

（3）<service>-base

<service>-base 是基于 openstack-base 创建的，针对指定的服务进行安装。以 nova 为例，Kolla 以 openstack-base 为基础生成了 nova-base 镜像，主要处理 nova 服务通用的内容、安装通用的软件等，并作为其他几个服务的基础镜像，如 api、conductor、compute 等。

（4）<service>

<service>以<service>-base 为基础镜像，进行服务的部署、配置等，并设定启动入口，以及配置服务的依赖，最终生成<service>镜像。

2. Ceph 介绍

Ceph 是一款运行在标准硬件上的开源存储软件，支持对象存储、块存储以及文件存储。对象存储通过 CRUSH 算法确保数据在集群节点上平均分布，其无元服务器的设计，同时保障了所有节点都能够快速地被检索到，避免了集中瓶颈或单点故障。

Ceph 使用 C 语言编写，程序运行效率非常高，并兼容 OpenStack Swift 和 Amazon S3 的接口，其对象存储使用 Ceph 对象网关守护进程 radosgw。radosgw 是一个与 Ceph 存储集群交互的 FastCGI 模块。Ceph 对象网关可以和 Ceph FS 客户端或 Ceph 块设备客户端共用一个存储集群。

（1）Ceph 的优势。Ceph 具有以下优势。

- 分布式架构

Ceph 的优势在于它采用无元服务器的设计思想，充分利用服务器自身的计算能力，消除对元服务器的依赖，真正实现无中心分布式结构，提高了可靠性和可扩展性，减少了客户端的访问延迟。通过文件切分和 CRUSH 算法，保证数据 chunk 分布基本均衡。同时 Ceph 的无元数据信息的设计（CephFS 除外)，保证了 Client 可以根据 cluster map 通过固定算法确定数据的位置信息，避免了单个元数据节点的性能瓶颈，提供非常高的并行化 IO 性能。

- 支持 OpenStack

可以同时为 OpenStack 提供块存储以及对象存储，这已经成为 OpenStack 中呼声最高的开源存储方案之一。

- 高扩展性

Ceph 支持 OSD 和 Monitor 集群的动态可扩容，以支持集群的扩容需求，并通过两层 Map 机制[(pool, object) -> (pool, PG) -> OSD set]来有效地隔离集群扩容对上层 client 的影响，提供了很好的扩展性，使得可以利用大量的低配置设备轻松地搭建出 PB 甚至

EB 量级的存储系统。

- 高可靠性

Ceph 会在集群节点中存储同一数据的多个副本，来避免单点故障可能造成的数据丢失风险。通过设置 Pool 的数据冗余规则，可以应对不同用户的冗余需求。通过 Ceph Crushmap，用户可以方便地设置各个备份之间存储位置的逻辑关系，如实现多个副本跨机房、跨机架、跨机器等。Ceph 能自动探测到 OSD/Monitor/MDS 的故障并自行恢复，有效减少了单设备节点的稳定性对集群的影响。

（2）Ceph 组件服务。Ceph 存储集群包含 Ceph Monitor、OSD（Object Storage Device，对象存储设备）以及 MDS（Metadata Server，源数据服务器）组件，如图 13.1 所示。其中，Ceph Monitor 和 OSDs 必须存在，只有当 Ceph 提供文件存储时才需要 MDS 组件。

图 13.1　Ceph 组件服务

各个组件的功能如下。

- OSD：Ceph OSD 守护进程主要用于存储数据，处理数据的复制、恢复、回填以及再均衡，并通过检查其他 OSD 守护进程的心跳信息，向 Ceph Monitor 提供监控数据。
- Monitor：Ceph Monitor 维护着各种图表，包括监视器图、OSD 图、归置组（PG）图和 CRUSH 图，以此显示集群状态信息。Ceph 保存监视器图、OSD 图和 PG 图的每一次状态变更的历史信息（称为 epoch）。
- MDS：Ceph 元数据服务器，为 Ceph 文件系统存储元数据。Ceph 把客户端数据保存为存储池内的对象。通过使用 CRUSH 算法，Ceph 可以计算出哪个归置组（PG）应该持有指定的对象（Object），然后进一步计算出哪个 OSD 守护进程持有该归置组。CRUSH 算法使得 Ceph 存储集群能够动态地伸缩、再均衡和修复。

13.1.3　案例环境

1. 案例实验环境

本案例实验环境如表 13-1 所示。

表 13-1　OpenStack 案例实验环境

主机	操作系统	主机名/IP 地址	主要软件及版本
物理节点	CentOS 7.3	Controller1/172.17.51.51	OpenStack Queens Ceph Luminous
虚拟节点	CentOS 7.3	docker/172.17.51.1	Docker 17.12.1-ce

注意

出于学习的目的，本案例环境中的物理节点同时部署 OpenStack 以及 Ceph，属于超融合架构。在生产环境中，应使用多节点，采用分布式部署方案。

2. 案例需求

本案例的需求如下所示。

（1）部署基于 Ceph 存储的 OpenStack。

（2）在 OpenStack 环境中构建 Nginx 镜像。

3. 案例实现思路

本案例的实现思路如下所示。

（1）部署 OpenStack。

（2）部署 Ceph。

（3）Ceph 集成 OpenStack。

（4）在集成环境中部署 Docker。

（5）在 Docker 中构建 Nginx 镜像。

13.2 案例实施

13.2.1 部署 OpenStack

1. 准备安装环境

（1）开启 CPU 的虚拟化功能

在 controller1 宿主机的 BIOS 中开启虚拟化功能，如图 13.2 所示。

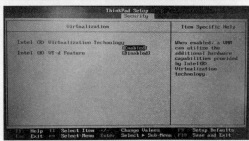

图13.2　BIOS中打开虚拟化功能

（2）安装并升级操作系统

以最小化方式安装 CentOS 7.3 操作系统（此过程略）。

执行以下命令，检查并升级内核版本，完成后重新启动计算机：

[root@controller1 ~]# uname -sr
Linux 4.15.11-1.el7.elrepo.x86_64
[root@controller1 ~]# yum update
[root@controller1 ~]# rpm -Uvh http://www.elrepo.org/elrepo-release-7.0-2.el7.elrepo.noarch.rpm
Retrieving http://www.elrepo.org/elrepo-release-7.0-2.el7.elrepo.noarch.rpm
Retrieving http://elrepo.org/elrepo/elrepo-release-7.0-3.el7.elrepo.noarch.rpm
Preparing...   ################################# [100%]
Updating / installing...
   1:elrepo-release-7.0-3.el7.elrepo ################################# [100%]
[root@controller1 ~]# yum --disablerepo="*" --enablerepo="elrepo-kernel" list available
[root@controller1 ~]# yum --enablerepo=elrepo-kernel install kernel-ml
[root@controller1 ~]# yum update
[root@controller1 ~]# reboot

在开机选择内核版本的界面中，选择 4.10.6 或更高版本。

（3）调整服务启动设置

为了避免不必要的问题导致实验失败，开始之前建议先关闭 SELinux 功能以及 firewalld 和 NetworkManager 服务，执行以下命令：

[root@controller1 ~]# # systemctl stop NetworkManager && systemctl disable NetworkManager
[root@controller1 ~]# sed -i 's/SELINUX=enforcing/SELINUX=disabled/' /etc/selinux/config
[root@controller1 ~]# systemctl disable firewalld && systemctl stop firewalld

生产环境中，为了提高安全性，应开启防火墙，并配置允许相关流量。

（4）配置主机名称解析

修改主机名，并编辑主机 hosts 文件，增加如下配置内容：

[root@controller1 ~]# vi /etc/hostname
controller1
[root@controller1 ~]# cat /etc/hosts
172.17.51.51 controller1

（5）配置 SSH 免密码认证

执行以下操作，生成 SSH 密钥，并基于公钥内容生成 authorized_keys 文件：

[root@controller1 ~]# ssh-keygen   //遇到交互提示时可一直按回车键
[root@controller1 ~]# cat ~/.ssh/id_rsa.pub > ~/.ssh/authorized_keys

2. 安装并配置 Docker 服务

（1）安装基础包

执行以下命令，先修改 pip 源地址，然后安装基础软件包：

[root@controller1 ~]# mkdir ~/.pip

[root@controller1 ~]# vim ~/.pip/pip.conf

[global]

index-url = http://mirrors.aliyun.com/pypi/simple/

[install]

trusted-host = mirrors.aliyun.com

[root@controller1 ~]# yum install epel-release -y && yum install python-pip -y

[root@controller1 ~]#pip install -U pip && yum install python-devel libffi-devel gcc openssl-devel libselinux-python ansible git -y

[root@controller1 ~]# pip install -U docker

[root@controller1 ~]# yum -y install wget

（2）安装 Docker

执行以下命令，安装 Docker 软件：

[root@controller1 ~]# wget https://mirrors.aliyun.com/docker-engine/yum/repo/main/centos/7/Packages/docker-engine-1.13.1-1.el7.centos.x86_64.rpm

[root@controller1 ~]# yum -y install docker-engine-1.13.1-1.el7.centos.x86_64.rpm

（3）配置 Docker

执行以下命令，配置 Docker：

[root@controller1 ~]# mkdir /etc/systemd/system/docker.service.d

[root@controller1 ~]# vi /etc/systemd/system/docker.service.d/kolla.conf

[Service]

MountFlags=shared

（4）修改 Docker 服务文件

编辑/usr/lib/systemd/system/docker.service 文件，修改内容如下。完成后，通过 systemctl 工具启动 Docker。

[root@controller1 ~]#vi /usr/lib/systemd/system/docker.service

ExecStart=/usr/bin/dockerd --insecure-registry 172.17.51.51:4000

[root@controller1 ~]# systemctl daemon-reload

[root@controller1 ~]# systemctl start docker

（5）配置阿里云的 Docker 加速器

执行以下命令，配置阿里云的 Docker 加速器，加快 pull registry 镜像操作：

[root@controller1 ~]# mkdir -p /etc/docker

[root@controller1 ~]# vi /etc/docker/daemon.json

{

"registry-mirrors": ["https://a5aghnme.mirror.aliyuncs.com"]

}

（6）配置 Docker 服务

[root@controller1 ~]# systemctl daemon-reload && systemctl restart docker && systemctl enable

（7）pull 并启动镜像

在 controller1 上，pull 并启动 registry 镜像。

```
[root@controller1 docker]# mkdir /opt/registry
[root@controller1 docker]# docker run --name=registry -d -p 4000:5000 -v /opt/registry:/var/lib/registry registry:2
5f201d703d7284327e9115559a9d987d9c97cd76195ed54d5ec5bf181d403c6b
[root@controller1 docker]# docker ps -a
CONTAINER ID        IMAGE               COMMAND                  CREATED             STATUS              PORTS                    NAMES
5f201d703d72        registry:2          "/entrypoint.sh /e..."   2 seconds ago       Up 1 second         0.0.0.0:4000->5000/tcp   registry
```

3. 安装和配置 Kolla-ansible

安装和配置 Kolla-ansible 的操作步骤如下：

（1）导入镜像

编辑 01_pull_kolla.sh 脚本文件并执行脚本，下载并导入镜像，pull queens 版本的 Kolla 镜像。

```
[root@controller1 ~]# vi 01_pull_kolla.sh
#!/usr/bin/bash
image_tag=queens
# pull public images
for public_images in memcached kolla-toolbox cron mongodb mariadb rabbitmq keepalived haproxy chrony iscsid tgtd
do
    docker pull kolla/centos-source-$public_images:$image_tag
done

# pull log manage images
for log_images in fluentd elasticsearch kibana
do
    docker pull kolla/centos-source-$log_images:$image_tag
done

# pull nova
for nova in nova-compute nova-consoleauth nova-ssh nova-placement-api nova-api nova-compute-ironic nova-serialproxy nova-scheduler nova-novncproxy nova-conductor nova-libvirt
do
    docker pull kolla/centos-source-$nova:$image_tag
done

# pull keystone
for keystone in keystone keystone-fernet keystone-ssh
do
```

```
        docker pull kolla/centos-source-$keystone:$image_tag
done

# pull freezer
docker pull kolla/centos-source-freezer-api:$image_tag

# pull glance
for glance in glance-api glance-registry
do
        docker pull kolla/centos-source-$glance:$image_tag
done

# pull cinder
for cinder in cinder-volume cinder-api cinder-backup cinder-scheduler
do
        docker pull kolla/centos-source-$cinder:$image_tag
done

# pull neutron
for neutron in neutron-server neutron-lbaas-agent neutron-dhcp-agent neutron-l3-agent neutron-openvswitch-agent neutron-metadata-agent neutron-server-opendaylight opendaylight
do
        docker pull kolla/centos-source-$neutron:$image_tag
done

# pull openvswitch
for openvswitch in openvswitch-db-server openvswitch-vswitchd neutron-openvswitch-agent
do
        docker pull kolla/centos-source-$openvswitch:$image_tag
done

# pull heat
for heat in heat-api heat-api-cfn heat-engine
do
        docker pull kolla/centos-source-$heat:$image_tag
done

# pull horizon
docker pull kolla/centos-source-horizon:$image_tag

# save images
images=`docker images | grep queens | awk '{print $1}'`
docker save -o kolla_queens_images.tar $images

# clean pull's images
```

```
docker images|grep -v registry |awk '{print $3}'|grep -v IMAGE | xargs docker rmi -f
```

[root@controller1 ~] chmod +x 01_pull_kolla.sh
[root@controller1 ~] ./01_pull_kolla.sh

编辑 02_push_kolla.sh 脚本文件并执行该脚本，将下载的镜像 push 到本地 Registry 仓库。

[root@controller1 ~]vi 02_push_kolla.sh

```
#!/usr/bin/bash

# load images
docker load --input kolla_queens_images.tar

registry=172.17.51.51:4000

# tag images
images=`docker images | grep queens | awk '{print $1}'`
for images_tag in $images
do
    docker tag $images_tag:queens $registry/$images_tag:queens
done

# delete old's images
delete_images=`docker images | grep '^kolla' | awk '{print $1}'`
for delete_images1 in $delete_images
do
    docker rmi $delete_images1:queens
done

# push images
push_images=`docker images | grep queens | awk '{print $1}'`
for push_images1 in $push_images
do
    docker push $push_images1:queens
done
```

[root@controller1 ~]#   chmod +x 02_push_kolla.sh
[root@controller1 ~]# ./02_push_kolla.sh

（2）安装 kolla-ansible

执行以下操作，安装 kolla-ansible：

[root@controller1 ~]# cd /opt
[root@controller1 ~]# git clone https://github.com/openstack/kolla-ansible -b stable/queens
[root@controller1 ~]# pip install kolla-ansible/
[root@controller1 ~]# mkdir   /etc/kolla/
[root@controller1 ~]# cp -r kolla-ansible/etc/kolla   /etc/

```
[root@controller1 ~]# cp kolla-ansible/ansible/inventory/* /home/
```
(3)生成密码文件

执行以下操作,生成密码文件:
```
[root@controller1 ~]# kolla-genpwd
```
(4)配置 keystone 管理员密码

编辑 /etc/kolla/passwords.yml 文件,配置 keystone 管理员用户的密码。
```
[root@controller1 ~]# vi /etc/kolla/passwords.yml
keystone_admin_password: password
```
(5)配置 Kolla 网络

编辑/etc/kolla/globals.yml 文件,配置 Kolla 网络。
```
[root@controller1 ~]#vi /etc/kolla/globals.yml
kolla_base_distro: "centos"
kolla_install_type: "source"
openstack_release: "queens"
kolla_internal_vip_address: "172.17.51.51"
docker_registry: "172.17.51.51:4000"
docker_namespace: "kolla"
network_interface: "bond0"              //物理网卡名称,根据自己的网卡情况来配置
neutron_external_interface: "bond1"     //外部网络,该网卡不配 IP,连接的交换机端口设为 trunk
enable_chrony: "yes"
enable_cinder: "no"
enable_cinder_backup: "no"
enable_cinder_backend_lvm: "no"
enable_haproxy: "no"
enable_heat: "yes"
enable_horizon: "yes"
```
(6)配置 ansible 部署文件

修改/home/multinode 配置文件,内容如下:
```
[root@controller1 ~]# vim /home/multinode
[control]
controller1


[network]
controller1


[inner-compute]
[external-compute]
controller1


[compute:children]
inner-compute
external-compute
```

[monitoring]
controller1

[storage]
controller1

4. 执行 ansible 安装 OpenStack

（1）安装 OpenStack

执行以下命令安装 OpenStack：

[root@controller1 opt]# kolla-ansible deploy -i /home/multinode -vvvv

（2）创建环境变量

安装结束后，执行以下命令创建环境变量文件：

[root@controller1 ~]#kolla-ansible post-deploy

创建后的环境变量文件为/etc/kolla/admin-openrc.sh。

（3）安装 OpenStack client

执行以下命令，安装 OpenStack client。如果出现"uninstall PyYAML"报错信息，可以直接略过。

[root@controller1 ~]#pip install python-openstackclient

5. 验证部署

（1）登录 Dashboard

打开浏览器，在地址栏输入：http:// 172.17.51.51，在登录页面输入用户名 admin、密码 password，验证是否可以正常登录。

（2）验证环境变量

运行环境变量文件，验证是否可以正常执行。

[root@controller1 ~]# source /etc/kolla/admin-openrc.sh

（3）检查 OpenStack 服务

使用 docker ps -a 命令查看已安装的 OpenStack 服务。

[root@controller1 ~]# docker ps –a

6. 变更以及故障排查

（1）二次部署

如果在部署过程中出现失败或是变更配置信息，需要重新部署。首先执行以下命令，清除已部署的 Docker 容器：

[root@controller1 ~]# kolla-ansible destroy -i /home/multinode --yes-i-really-really-mean-it

再次执行部署命令：

[root@controller1 ~]# kolla-ansible deploy -i /home/multinode –vvvv

（2）跟踪日志文件

通过 Kolla 和 Ansible 部署或运行 OpenStack 时，如果出现异常，可通过查看日志的方法进行排查。以下是常用的日志查询方法。

① 执行以下命令，查看指定容器（即指定服务）的输出日志信息。

[root@controller1 ~]# docker logs container_name

② 进入/var/lib/docker/volumes/kolla_logs/_data/目录，查看指定服务的日志信息。

13.2.2 部署 Ceph

1. 安装 Ceph 集群

安装 Ceph 集群的操作步骤如下。

（1）执行以下命令，安装 ceph-deploy。

[root@controller1 ~]# rpm -ivh https://mirrors.aliyun.com/ceph/rpm-luminous/el7/noarch/ceph-deploy-1.5.39-0.noarch.rpm

（2）执行以下命令，创建部署目录。

[root@controller1 ~]# mkdir /etc/ceph && cd /etc/ceph/

（3）执行以下命令，设置 repo 源，指定安装 ceph 的版本。

[root@controller1 ceph]# export CEPH_DEPLOY_REPO_URL=http://mirrors.163.com/ceph/rpm-luminous/el7

[root@controller1 ceph]# export CEPH_DEPLOY_GPG_URL=http://mirrors.163.com/ceph/keys/release.asc

（4）执行以下命令，安装 monitor 节点。

[root@controller1 ceph]# ceph-deploy new controller1

（5）编辑 ceph.conf 文件，内容如下。

[root@controller1 ceph]# vi ceph.conf
[global]
fsid = 3a832ee5-8a20-4960-b013-043848e3c8bb
mon_initial_members = controller1
mon_host = 172.17.51.51
auth_cluster_required = cephx
auth_service_required = cephx
auth_client_required = cephx
osd pool default size = 1
mon clock drift allowed = 2
mon clock drift warn backoff = 30

（6）进入 ceph 目录，通过 ceph-deploy 工具部署 ceph 节点。ceph-deploy 工具是通过 rpm 命令安装组件的。

[root@controller1 ceph]# cd /etc/ceph/
[root@controller1 ceph]# ceph-deploy install controller1   //如果报错，重新执行此命令
[root@controller1 ceph]# ceph-deploy mon create-initial

（7）执行以下命令，批量格式化节点硬盘。

[root@controller1 ceph]# ceph-deploy disk zap controller1:sdb

（8）执行以下命令，创建 osd 磁盘。

[root@controller1 ceph]# ceph-deploy gatherkeys controller1
[root@controller1 ceph]# ceph-deploy --overwrite-conf config push controller1
[root@controller1 ceph]# ceph-deploy osd create controller1:sdb

（9）执行以下命令，安装 mgr。

[root@controller1 ceph]# ceph-deploy mgr create controller1

（10）在/etc/ceph 目录中创建并启用存储池，命令如下。

[root@controller1 ceph]# pg_num=32
[root@controller1 ceph]# ceph osd pool create volumes $pg_num
[root@controller1 ceph]# ceph osd pool create backups $pg_num
[root@controller1 ceph]# ceph osd pool create vms $pg_num
[root@controller1 ceph]# ceph osd pool create images $pg_num
[root@controller1 ceph]# ceph osd pool application enable backups rbd
[root@controller1 ceph]# ceph osd pool application enable images rbd
[root@controller1 ceph]# ceph osd pool application enable vms rbd
[root@controller1 ceph]# ceph osd pool application enable volumes rbd

（11）执行以下命令，查看 ceph 部署和运行信息。

[root@controller1 ceph]# ceph -s

2. Ceph 集成 OpenStack

本案例将按照表 13-2 所示的规划，部署 Ceph 和 OpenStack 的集成。

表 13-2 Ceph 集成 OpenStack 的规划

Ceph 存储池	用户
vms	cinder
images	glance、cinder

（1）集成镜像服务（Glance）

执行以下命令，配置集成镜像服务。

① 修改/etc/kolla/glance-api/glance-api.conf 文件，添加以下配置参数：

[DEFAULT]
show_image_direct_url = True
[glance_store]
default_store = rbd
stores = rbd
rbd_store_pool = images
rbd_store_user = glance
rbd_store_ceph_conf = /etc/ceph/ceph.conf
rbd_store_chunk_size = 5
glance_api_version = 2

② 将 ceph.conf 配置文件复制到 glance-api 容器的/etc/ceph/目录下。

[root@controller1 ~]# scp /etc/ceph/ceph.conf controller1:/var/lib/docker/volumes/kolla_logs/_data/
[root@controller1 ~]# docker exec -u root -it glance_api mkdir /etc/ceph/
[root@controller1 ~]# docker exec -u root -it glance_api /bin/bash
(glance-api)[root@controller1 ~]# cp /var/log/kolla/ceph.conf /etc/ceph/

③ 创建 cinder 和 glance 用户。

[root@controller1 ~]# ceph auth get-or-create client.cinder mon 'allow r' osd 'allow class-read object_prefix rbd_children, allow rwx pool=volumes, allow rwx pool=vms, allow rwx pool=images, allow rwx pool=backups' -o /etc/ceph/ceph.client.cinder.keyring

[root@controller1 ~]# ceph auth get-or-create client.glance mon 'allow r' osd 'allow class-read object_prefix rbd_children, allow rwx pool=images' -o /etc/ceph/ceph.client.glance.keyring

④ 将 glance 用户的 keyring 复制到 glance-api 容器，并修改相应权限。

[root@controller1 ~]# scp controller1:/etc/ceph/ceph.client.glance.keyring /var/lib/docker/volumes/kolla_logs/_data/

[root@controller1 ~]# docker exec -u root -it glance_api cp /var/log/kolla/ceph.client.glance.keyring /etc/ceph/

[root@controller1 ~]# docker exec -u root -it glance_api bash

[root@controller1 ~]# chown glance:glance /etc/ceph/*

⑤ 重启 Docker 容器。

[root@controller1 ~]# docker restart glance_api

（2）集成计算服务（Nova）

执行以下命令，配置集成计算服务。

① 定义和设置密钥。libvirt 进程需要有访问 Ceph 集群的权限，因此需要生成一个 uuid 并设置密钥。执行以下命令：

[root@controller1 ~]# ceph auth get-key client.cinder -o client.cinder.key

[root@controller1 ~]# uuidgen
0a32c38d-6aa7-4c1d-9486-d767b82b1190

[root@controller1 ~]# cat secret.xml
<secret ephemeral='no' private='no'>
　　<uuid>0a32c38d-6aa7-4c1d-9486-d767b82b1190</uuid>
　　<usage type='ceph'>
　　　　<name>client.cinder secret</name>
　　</usage>
</secret>

[root@controller1 ~]# docker cp secret.xml nova_libvirt:/root && docker cp client.cinder.key nova_libvirt:/root

[root@controller1 ~]# docker exec -u root -it nova_libvirt bash

(nova-libvirt)[root@controller1 ~]# cd /root

(nova-libvirt)[root@controller1 ~]# virsh secret-define --file secret.xml
Secret 0a32c38d-6aa7-4c1d-9486-d767b82b1190 created

(nova-libvirt)[root@controller1 ~]# virsh secret-list
 UUID   Usage

 0a32c38d-6aa7-4c1d-9486-d767b82b1190   ceph client.cinder secret

> 在后续操作中还将使用最后一条命令输出的 UUID。

② 修改配置文件。修改 /etc/kolla/nova-compute/nova.conf 文件，修改后内容如下：
[libvirt]

……..
images_type = rbd
images_rbd_pool = vms
images_rbd_ceph_conf = /etc/ceph/ceph.conf
rbd_user = cinder
rbd_secret_uuid = 0a32c38d-6aa7-4c1d-9486-d767b82b1190
disk_cachemodes = "network=writeback"
inject_password = false
inject_key = false
inject_partition = -2
live_migration_flag   =   "VIR_MIGRATE_UNDEFINE_SOURCE,VIR_MIGRATE_PEER2PEER, VIR_MIGRATE_LIVE,VIR_MIGRATE_PERSIST_DEST,VIR_MIGRATE_TUNNELLED"

③ 复制配置文件。将 ceph.conf 配置文件分别复制到节点 nova_compute 和 nova_libvirt 容器的/etc/ceph/目录下。

执行以下命令，从 controller1 节点复制配置文件至其他节点。

[root@controller1 ~]# scp /etc/ceph/ceph.conf computer1:/var/lib/docker/volumes/libvirtd/_data/

在所有节点上执行以下命令，复制配置文件至容器中。

[root@controller1 ~]# docker exec -u root -it nova_compute cp /var/lib/libvirt/ceph.conf /etc/ceph/
[root@controller1 ~]# docker exec -u root -it nova_libvirt cp /var/lib/libvirt/ceph.conf /etc/ceph/

执行以下命令，复制 client.cinder 的 keyring 至节点上。

[root@controller1 ~]# scp /etc/ceph/ceph.client.cinder.keyring controller1:/var/lib/docker/volumes/libvirtd/_data/

在所有节点上执行以下命令，复制 keyring 至容器中。

[root@controller1 ~]# docker exec -u root -it nova_compute cp /var/lib/libvirt/ceph.client.cinder.keyring /etc/ceph/
[root@controller1 ~]# docker exec -u root -it nova_libvirt cp /var/lib/libvirt/ceph.client.cinder.keyring /etc/ceph/

④ 重启 Docker 容器。在所有节点上执行以下命令，重新启动 Docker 容器。

docker restart nova_compute

13.2.3 OpenStack 环境中部署 Docker

在 OpenStack 环境中创建云主机，并修改主机名为 docker。本节基于云主机部署 Docker，并在 Docker 容器之上创建并运行 Nginx 容器应用。

1. 配置镜像加速器

通过配置镜像加速器，可以加快镜像的下载速度。执行以下操作，配置阿里云的镜像加速器。

[root@docker ~]# mkdir -p /etc/docker
tee /etc/docker/daemon.json <<-'EOF'
{
"registry-mirrors": ["https://a5aghnme.mirror.aliyuncs.com"]
}
EOF

2. 安装 Docker

通过配置国内的 yum 软件源，可以加快软件的安装速度。执行以下操作配置 yum 源。

```
[root@ docker ~]#   yum-config-manager \
    --add-repo \
https://mirrors.ustc.edu.cn/docker-ce/linux/centos/docker-ce.repo
```

执行以下命令安装依赖包。

```
[root@ docker ~]# yum install -y yum-utils \
            device-mapper-persistent-data \
            lvm2
```

执行以下命令更新 yum 缓存，并安装 Docker。

```
[root@ docker ~]# yum makecache fast
[root@ docker ~]# yum install docker-ce
[root@ docker ~]# systemctl daemon-reload && systemctl restart docker && systemctl enable docker
```

测试 Docker 是否安装成功，执行以下命令，Pull 一个镜像。

```
[root@ docker ~]# docker pull hello-world
```

3. 构建 Docker 镜像应用

在 Docker 中，构建镜像是通过编写 Dockerfile 文件实现的。以构建 Nginx 镜像为例，编写 Dockerfile 文件的内容如下。

```
[root@ docker ~]# cat dockerfile
FROM debian:stretch-slim

LABEL maintainer="NGINX Docker Maintainers <docker-maint@nginx.com>"

ENV NGINX_VERSION 1.15.0-1~stretch
ENV NJS_VERSION     1.15.0.0.2.1-1~stretch

RUN set -x \
    && apt-get update \
    && apt-get install --no-install-recommends --no-install-suggests -y gnupg1 apt-transport-https ca-certificates \
    && \
    NGINX_GPGKEY=573BFD6B3D8FBC641079A6ABABF5BD827BD9BF62; \
    found=''; \
    for server in \
        ha.pool.sks-keyservers.net \
        hkp://keyserver.ubuntu.com:80 \
        hkp://p80.pool.sks-keyservers.net:80 \
        pgp.mit.edu \
    ; do \
        echo "Fetching GPG key $NGINX_GPGKEY from $server"; \
        apt-key adv --keyserver "$server" --keyserver-options timeout=10 --recv-keys "$NGINX_GPGKEY" && found=yes && break; \
    done; \
    test -z "$found" && echo >&2 "error: failed to fetch GPG key $NGINX_GPGKEY" && exit 1; \
```

```
        apt-get remove --purge --auto-remove -y gnupg1 && rm -rf /var/lib/apt/lists/* \
        && dpkgArch="$(dpkg --print-architecture)" \
        && nginxPackages=" \
            nginx=${NGINX_VERSION} \
            nginx-module-xslt=${NGINX_VERSION} \
            nginx-module-geoip=${NGINX_VERSION} \
            nginx-module-image-filter=${NGINX_VERSION} \
            nginx-module-njs=${NJS_VERSION} \
        " \
        && case "$dpkgArch" in \
            amd64|i386) \
# arches officialy built by upstream
                echo "deb https://nginx.org/packages/mainline/debian/ stretch nginx" >> /etc/apt/sources.list.d/nginx.list \
                && apt-get update \
                ;; \
            *) \
# we're on an architecture upstream doesn't officially build for
# let's build binaries from the published source packages
                echo "deb-src https://nginx.org/packages/mainline/debian/ stretch nginx" >> /etc/apt/sources.list.d/nginx.list \
                \
# new directory for storing sources and .deb files
                && tempDir="$(mktemp -d)" \
                && chmod 777 "$tempDir" \
# (777 to ensure APT's "_apt" user can access it too)
                \
# save list of currently-installed packages so build dependencies can be cleanly removed later
                && savedAptMark="$(apt-mark showmanual)" \
                \
# build .deb files from upstream's source packages (which are verified by apt-get)
                && apt-get update \
                && apt-get build-dep -y $nginxPackages \
                && ( \
                    cd "$tempDir" \
                    && DEB_BUILD_OPTIONS="nocheck parallel=$(nproc)" \
                        apt-get source --compile $nginxPackages \
                ) \
# we don't remove APT lists here because they get re-downloaded and removed later
                \
# reset apt-mark's "manual" list so that "purge --auto-remove" will remove all build dependencies
# (which is done after we install the built packages so we don't have to redownload any overlapping dependencies)
                && apt-mark showmanual | xargs apt-mark auto > /dev/null \
                && { [ -z "$savedAptMark" ] || apt-mark manual $savedAptMark; } \
                \
# create a temporary local APT repo to install from (so that dependency resolution can be handled by
```

APT, as it should be) \
&& ls -lAFh "$tempDir" \
&& (cd "$tempDir" && dpkg-scanpackages . > Packages) \
&& grep '^Package: ' "$tempDir/Packages" \
&& echo "deb [trusted=yes] file://$tempDir ./" > /etc/apt/sources.list.d/temp.list \
# work around the following APT issue by using "Acquire::GzipIndexes=false" (overriding "/etc/apt/apt.conf.d/docker-gzip-indexes")
# Could not open file /var/lib/apt/lists/partial/_tmp_tmp.ODWljpQfkE_._Packages - open (13: Permission denied)
# ...
# E: Failed to fetch store:/var/lib/apt/lists/partial/_tmp_tmp.ODWljpQfkE_._Packages Could not open file /var/lib/apt/lists/partial/_tmp_tmp.ODWljpQfkE_._Packages - open (13: Permission denied)
&& apt-get -o Acquire::GzipIndexes=false update \
;; \
esac \
\
&& apt-get install --no-install-recommends --no-install-suggests -y \
$nginxPackages \
gettext-base \
&& apt-get remove --purge --auto-remove -y apt-transport-https ca-certificates && rm -rf /var/lib/apt/lists/* /etc/apt/sources.list.d/nginx.list \
\
if we have leftovers from building, let's purge them (including extra, unnecessary build deps)
&& if [-n "$tempDir"]; then \
apt-get purge -y --auto-remove \
&& rm -rf "$tempDir" /etc/apt/sources.list.d/temp.list; \
fi

forward request and error logs to docker log collector
RUN ln -sf /dev/stdout /var/log/nginx/access.log \
&& ln -sf /dev/stderr /var/log/nginx/error.log

EXPOSE 80

STOPSIGNAL SIGTERM

CMD ["nginx", "-g", "daemon off;"]

Dockerfile 文件编写完成后，执行以下命令，构建 Nginx 镜像，并查看镜像信息。
[root@ docker ~]# docker build -t nginx_01 .
[root@ docker ~]# docker images
nginx_01   latest   5699ececb21c   2 days ago   109MB

4. 运行并测试 Docker 镜像

完成上述操作后，执行以下命令运行 Nginx 镜像，并查看镜像运行情况：
[root@ docker ~]# docker run --name nginx_01 -d -p 8080:80 nginx_01
[root@ docker ~]# docker ps
CONTAINER ID   IMAGE   COMMAND   CREATED   STATUS   PORTS   NAMES

| fa37625af3ac | nginx_01 | "/bin/sh -c 'nginx -g'" | 4 seconds ago | Up 3 seconds |

0.0.0.0:8080->80/tcp, 443/tcp   nginx_01

上述输出结果中，STATUS 字段的 up 状态表示镜像创建成功。

本章小结

通过对本章的学习，读者了解到 OpenStack 的一种全新部署方案 Kolla，以及对应的存储方案 Ceph。Kolla 是通过容器自动化部署 OpenStack，而 Ceph 是一种全新的存储技术，支持块存储、对象存储以及文件存储。同时掌握了基于 OpenStack+Ceph 环境搭建 Docker 容器应用。本章是实际生产环境的微缩案例，熟练掌握本章的知识，可以快速掌握 Kolla 与 Ceph 的工作原理，以及环境部署。

本章作业

一、选择题

1．下列关于 Kolla 的说法错误的是（　　）。

　　A．Kolla 是 OpenStack 的一个开源项目，用于自动化部署 OpenStack

　　B．Kolla 将 OpenStack 中各个服务以容器化的方式进行部署

　　C．Kolla 最初的设计是基于 Docker 和 SaltStack 实现的

　　D．Kolla 大大简化了跨平台的问题，同时也便于升级

2．Ceph 是一款开源存储软件，其不支持（　　）方式。

　　A．对象存储　　　B．文件存储　　　C．磁带存储　　　D．块存储

3．通过 kolla-ansible 方式部署完 OpenStack 后，可以（　　）方式验证是否部署正确。

　　A．通过浏览器访问部署机器 IP，查看是否可以正常登录

　　B．通过命令 kolla-ansible check 进行检查，查看输出是否都正确

　　C．通过命令 docker ps -a 检查需要的容器是否都已启动

　　D．通过执行命令 kolla-genpwd 后，查看输出是否正常

二、判断题

1．Ceph 存储方案在程序运行效率方面不如 Cinder 和 Swift。（　　）

2．OpenStack 从 O 版开始，Kolla 用于构建所有服务的镜像，Kolla-ansible 用于自动化部署。（　　）

3．Kolla 在自动部署 OpenStack 的过程中，<service>层以<openstack-base>为基础镜像，进行服务的部署和配置等。（　　）

4．Ceph 存储通过 RUSH 算法确保数据在集群节点上平均分布，避免集中瓶颈或单点故障。（　　）

三、简答题

1．Kolla 在部署 OpenStack 时，定义的四层容器是什么？

2．Ceph 的优势有哪些？

3．Ceph 包含哪些组件？